让每个想法成为艺术。

如果你不能
做伟大的事，
那就以
伟大的方式
做一件件小事。

$(1+0.1)^{10} = 2.59$

$(1+0.1)^{100} = 13780.61$

Word/Excel/PPT Visio/Project 高效办公技巧宝典

秦阳 章慧敏 张伟崇 黄群金 著

人民邮电出版社

北京

图书在版编目（CIP）数据

Word/Excel/PPT/Visio/Project高效办公技巧宝典 / 秦阳等著. -- 北京 ：人民邮电出版社，2023.9
ISBN 978-7-115-61621-0

Ⅰ．①W… Ⅱ．①秦… Ⅲ．①办公自动化－应用软件
Ⅳ．①TP317.1

中国国家版本馆CIP数据核字 (2023) 第063202号

内 容 提 要

本书围绕大学生、职场新人、部门主管、业务总监等不同群体，应对不同场景下的学习或办公需要，共收录覆盖五大 Office 办公软件的 365 个 Office 办公应用技巧，并配有场景说明、图文详解、配套练习、视频演示，全方位教读者如何操作软件，如何结合实际应用场景合理使用软件功能快速解决问题。

本书既适合想要了解 Microsoft Office 的零基础入门级读者阅读，也适合随着在职场中发展，有更高需求的职场人士阅读。本书可作为常备办公案头和手边的一本速查宝典，帮助读者解决各种"疑难杂症"，成为职场高效办公"达人"。

◆ 著　　　　秦　阳　章慧敏　张伟崇　黄群金
　　责任编辑　李永涛
　　责任印制　王　郁　胡　南
◆ 人民邮电出版社出版发行　　北京市丰台区成寿寺路 11 号
　　邮编　100164　　电子邮件　315@ptpress.com.cn
　　网址　https://www.ptpress.com.cn
　　北京宝隆世纪印刷有限公司印刷
◆ 开本：700×1000　1/16
　　印张：18　　　　　　　　　　2023 年 9 月第 1 版
　　字数：366 千字　　　　　　　2023 年 9 月北京第 1 次印刷

定价：89.90 元

读者服务热线：(010)81055410　印装质量热线：(010)81055316
反盗版热线：(010)81055315
广告经营许可证：京东市监广登字 20170147 号

工具和技术可以并且应该成为追求美好的力量

随着时代的发展，人类从未像今天这样，每天创造、访问和处理如此庞杂的信息，并将其转变为现实生产力。正是为了帮助人们节省更多时间，创造更多价值，微软提出了重塑生产力与业务流程的愿景，并试图借此推动微软予力全球每一人、每一组织，成就不凡的使命。

而 Microsoft Office 正是实现这一诉求的有力引擎。

Microsoft Office 并不仅仅是办公应用，而是能够帮助个人与组织集思广益并实现以人为本的服务平台。所以我们在不断升级产品功能和体验的同时，还做了很多努力和尝试。比如我们推出了 OfficePLUS 平台，围绕 Office 提供更多增值服务；研发了 OfficePLUS 插件，借助微软的人工智能技术让 PPT 的制作更简单。

我们在每一个细微的节点上努力，希望推动生产力业务流程的重塑与变革。

我们不断以使命为导向，将使命转化为计划，然后付诸行动。在这一征程中，我们的合作伙伴是至关重要的同行者。

本书作者之一秦阳老师是微软一直非常重视的合作伙伴。我经常找他探讨 Office 办公的各种可能性，他总是充满激情，为我们分享很多产品体验和建议，曾经策划并跟微软一起做了"我给母校送模板"活动，一举推动了国内高校主题 PPT 模板质量的提升。近几年他还培养了一大批优秀的 PPT 设计师，设计了海量实用又精美的 PPT 模板，为 OfficePLUS 生态的建设做出了重要的贡献。

如今他又参与编写了本书，沿着职场人 10 年职业发展的时间线，为读者详细讲解五大 Office 软件，让读者的职业发展有无限的成长空间，我对这个思路非常认同。

微软的 Office 产品曾在几十年前掀起了一波"生产力革命"，我们一直希望在显著提升协作办公效率的同时，也为每个人开启智慧创新的无限可能。在这一点上，我们不谋而合。

我们坚信，工具和技术可以并且应该成为追求美好的力量。

感谢秦阳老师几十年如一日地向大众普及这一理念，相信本书一定可以极大提高你的生产力，助力你的职业发展，成就不凡。

微软（亚洲）互联网工程院首席产品经理

微软 OfficePLUS 业务负责人

张鹏

推荐序二

你的工作效率，取决于你的 Office 软件使用水平

任何一个职场人士都知道，只要用计算机办公，就多半要用到 Office 软件。

在很大程度上，你的工作效率取决于你的 Office 软件使用水平。

Microsoft Office 是一个统称，它包含多个产品，大多数人最熟悉的就是"三件套"，即 Word、Excel 和 PPT。

事实上，Office 的组件远不止这 3 个。

我最早使用的 Microsoft Office 版本是 Office 95，大家知道包含哪些组件吗？

答案是 Word、Excel、PPT、Access、Schedule+ 这 5 个。当然，那个年代的工作复杂度不高，我基本只用 Word 和 Excel。

进入"信息时代"后，信息"爆炸式"增长，办公所需处理的内容越来越多，形式也越来越多样，Microsoft Office 的每一次升级都添加了很多新功能和新组件。比如，曾经的 2003 版 Office"全家桶"，包含 Word、Excel、PPT、Outlook、Publisher、Visio、OneNote、InfoPath、Project、FrontPage 和 Access 等。

事实上，这些还不是全部，比如 Microsoft Money（家庭财务软件）成为了独立产品，不再包含在 Office 里面。另外，Excel 中的地图功能也变成了一个独立产品 Microsoft MapPoint。

在 Office 2003 的后续版本中，只有网页编辑和网站管理软件 FrontPage 没有延续，其他组件都延续到了今天，帮助用户处理各个场景下的工作任务。

再后来，Office 变成了 Office 365，后又改名为 Microsoft 365，除了原有的 PC 端组件以外，还包含很多基于云端的应用，比如 OneDrive、SharePoint、Teams、Forms 等。

Microsoft Office 全家桶的众多组件，任意一个都有海量的功能和应用技巧，别说精通了，要熟练使用都实属不易。

搞清楚 Office 是什么以后，我们还要关注一个问题，那就是在哪个场景下应该用哪个软件。

Office 是一整个工具箱，其中的每个软件都有自己的特长，我们需要灵活选择它们来应对任务，必要的时候，可以选择多个软件进行协作。

大家都知道 Excel 是电子表格软件，那么是不是只要做表格，就首选 Excel 呢？这个可不一定，具体还要看做什么表格、用在什么地方。Excel、Word、PPT、Access、OneNote 等 Office 组件都能做表格，应该有其中之一是最符合某个具体任务的。对于数据类的表格，有计算和分析需求的，一般首选 Excel；但如果是以展示为主的简单表格，Word 和 PPT 也是很好的选

择；如果数据量较大，而且需要构建数据关系，可能就需要用到 Access。

再比如，要在工作中进行项目管理，如果只是简单地做一张甘特图，用 Excel 的数据表 + 条形图是可以很快实现的。要想做得更专业、更自动，可以借助 Visio。如果要管控到项目的细节、实现更多的功能，可能就需要用到 Project 这样的专业项目管理软件了。

兵无常势，水无常形，要做到灵活选择工具应对各种各样的任务，就得先对这些工具有相当的了解，否则就会成为那个"只有锤子，看什么问题都是钉子"的人。

人们常说选择比努力更重要，但其实做选择是一种更高维度的努力，如果没有足够的见识，没有正确的思维模式，谈何选择？

除了选对工具，工具间的协作也很重要。Microsoft Office 各组件之间是很容易"共享"数据和"链接"数据的。比如要做一份报告，可以先把收集到的数据进行计算、分析，制作成 Excel 表格或图表，再将其链接到 Word 或 PPT 的页面中，实时保持自动更新。

在做 PPT 前，也可以先用 Word 写好大纲和主要框架，然后一键发送到 PPT，最后在 PPT 里面稍微美化一下就可以变成一份出色的演示文稿。

本书选了 Word、Excel、PPT、Visio、Project 这 5 个组件，这些是非常适合普通职场人掌握的常用软件。由于是 5 个组件一起讲解，所以常用技巧、多组件之间的协作技巧都是本书的特色内容。

本书作者虽然很年轻，但是对办公效率的提高有很多独到的见解，擅长把复杂的问题用简单的方法来搞定。他们积累的很多 Office 的"绝招"和"妙招"，都将在本书中毫无保留地一一呈现，相信对各位读者一定大有裨益！

微软全球最有价值专家（MVP）

Excel Home 创始人

周庆麟

打造一本可以陪伴 10 年的图书宝典

很多求职者都会在简历上写"熟练掌握 Office 技能"甚至是"精通 Office"，但是，他们真的精通 Office 吗？

会用 Excel 函数解决问题吗？会用透视表实现多维度的数据汇总分析吗？会用 Word 排正式合同文件吗？会设计和打印公司通讯录吗？会规范地使用公司的 PPT 模板吗？会做业务流程图吗？……

真正的"精通 Office 办公软件"，不仅要知道软件怎么操作，还要知道如何结合实际应用场景，合理使用 Office 软件功能，快速解决办公中的各种问题。

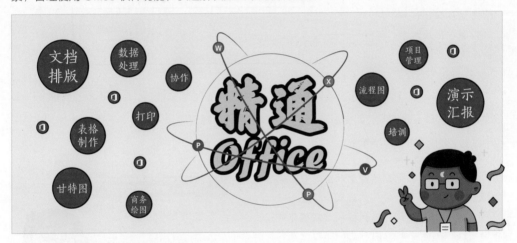

在这个背景下，我们编写了本书。

为什么是 Word、Excel、PPT、Visio、Project 这 5 个软件？

因为不同群体有以下不同需求。

- **大学生：** 要用 Word 写论文、用 PPT 做毕业答辩。

- **职场新人：** 要用 Word 写材料、做记录、打印资料；用 Excel 收集数据、整理数据，批量操作；用 PPT 做汇报、述职，以及给领导做 PPT。

- **部门主管：** 作为主管不但要自己熟悉业务流程，还要将流程清晰梳理，用 Visio 画出业务流程图并清晰地呈现出来，将部门工作流程化、标准化，提高团队的效率。

- **业务总监：** 用 Project 分解业务的目标，制订项目的进度计划，管理各部门的协作，跟踪和监控各种业务线的进度，达成业绩目标。

>> 前言

所以我们就围绕大学生、职场新人、部门主管、业务总监等不同群体，讲解 5 个 Office 软件的必备高效办公实用技巧，希望打造一本可以陪伴一个职场人从大学到职场发展的 10 年周期的图书，成为其案头常备的速查宝典，工作中随时可以查阅使用。

基于这样的初衷，我们对本书进行了精心的编排和设计。

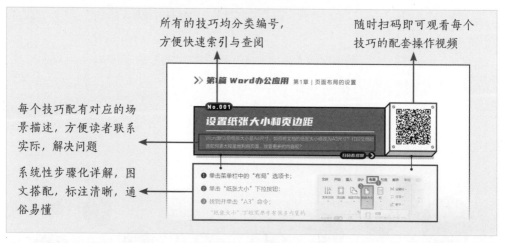

所有的技巧均分类编号，方便快速索引与查阅

随时扫码即可观看每个技巧的配套操作视频

每个技巧配有对应的场景描述，方便读者联系实际，解决问题

系统性步骤化详解，图文搭配，标注清晰，通俗易懂

Office 办公场景应用多元，技巧庞杂，本书共收录了 365 个技巧。我们也希望传递一个学习理念，那就是不要贪多。即便每天仅学习一个小技巧，每天进步一点点，不知不觉也可以在一年中掌握 Office 软件使用的秘诀，成为高效办公的职场达人。

本书目录的每一个标题前都加上了任务勾选框，可以把本书的目录当成一个学习清单，每掌握一个技巧就在对应标题的方框打一个对勾，以此检阅自己的学习完成情况。这样目录就变成了一个"打卡手册"，可用游戏化的方式推进学习进度。

Office 其实是一个"通用技能"，没有特定的专业和岗位的限制，所以迟早可以在自己的岗位上有针对性地去运用这些通用技能为自己增加竞争砝码。世界变化太快，职业岗位对人的要求也在不断变化，而用扎实的通用技能对抗不确定性，方可保持持续的竞争力。所以当你迷茫中总是四处询问"我该学点儿什么"时，不如试着用这些时间学点儿 Office 技巧吧。不论未来在什么岗位，这些技巧都能或多或少派上用场。

微软 *Office* 认证导师

Office 畅销书作者、艾迪鹅创始人

秦阳

目录

第1篇
Word办公应用

第1章 | 页面布局的设置

第2章 | 文字录入与格式

第3章 | 文档的图文排版

>> 目录

第2篇
*Excel*办公应用

第9章│数据收集与录入

第10章│表格制作与美化

第11章│表格查阅与浏览

第12章│页面设置与打印

>> 目录

目录 《《

第3篇
PPT办公应用

第17章 | 界面设置与基础操作

第18章 | 图片处理技巧

第19章 | 形状处理技巧

目录

第4篇

Visio办公应用

第5篇

Project办公应用

≫ 目录

第 **1** 篇

Word

办公应用

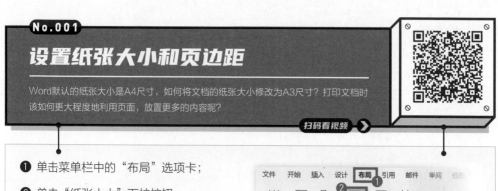

No.001

设置纸张大小和页边距

Word默认的纸张大小是A4尺寸，如何将文档的纸张大小修改为A3尺寸？打印文档时该如何更大程度地利用页面，放置更多的内容呢？

扫码看视频 ➤

❶ 单击菜单栏中的"布局"选项卡；

❷ 单击"纸张大小"下拉按钮；

❸ 找到并单击"A3"命令；

"纸张大小"下拉菜单中有很多内置的标准纸张大小可供选择，用户还可以自定义纸张大小。

通过这样的操作就可以让文档的纸张大小变为 A3 尺寸了。

❹ 在"布局"选项卡下方功能区中单击"页边距"下拉按钮；

❺ 单击"窄"命令；

"页边距"下拉菜单中有很多内置的页边距命令可供选择，若需要更为灵活的页边距，可以使用自定义页边距功能进行设置。

❻ 单击"自定义页边距"命令，进入页边距的设置对话框，修改上、下、左、右4个边距的参数。

通过这样的操作可以调整页边距，提高页面的使用率，就不用担心浪费纸张了。

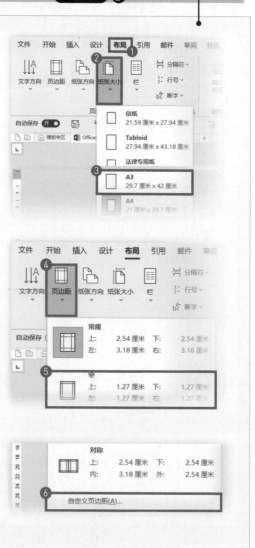

No.002
设置文档的文字方向和纸张方向

Word默认的文字方向为水平，如何改为垂直？Word默认的纸张方向为纵向，如何改为横向？

扫码看视频

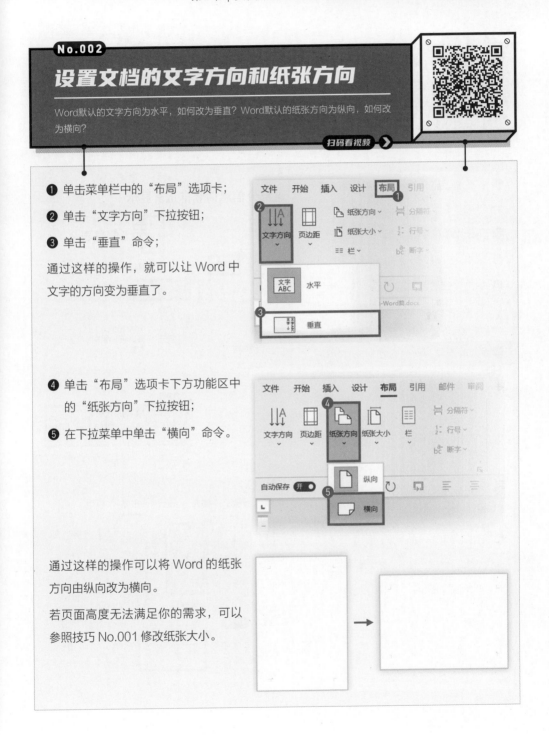

❶ 单击菜单栏中的"布局"选项卡；

❷ 单击"文字方向"下拉按钮；

❸ 单击"垂直"命令；

通过这样的操作，就可以让 Word 中文字的方向变为垂直了。

❹ 单击"布局"选项卡下方功能区中的"纸张方向"下拉按钮；

❺ 在下拉菜单中单击"横向"命令。

通过这样的操作可以将 Word 的纸张方向由纵向改为横向。

若页面高度无法满足你的需求，可以参照技巧 No.001 修改纸张大小。

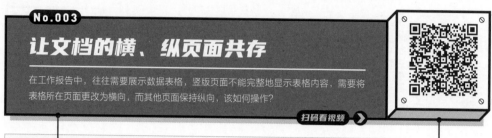

No.003

让文档的横、纵页面共存

在工作报告中，往往需要展示数据表格，竖版页面不能完整地显示表格内容，需要将表格所在页面更改为横向，而其他页面保持纵向，该如何操作？

扫码看视频

❶ 将光标定位在需要横向展示的内容前；

❷ 单击菜单栏中的"布局"选项卡；

❸ 单击"分隔符"下拉按钮；

❹ 单击"分节符"组中的"下一页"命令，将表格划分到新的页面；

将光标定位在表格内容后，重复第❸、❹步，将表格后面的内容划分到新的页面。

❺ 将光标定位到表格所在页面，单击"纸张方向"下拉按钮；

❻ 单击"横向"命令。

通过这样的操作就可以将表格所在页面单独设置为横向，其他页面仍然是纵向。

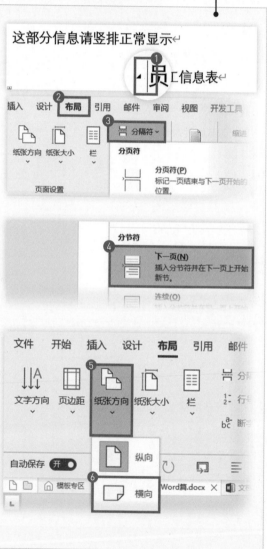

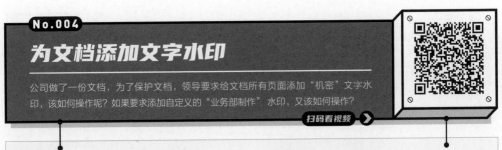

No.004
为文档添加文字水印

公司做了一份文档，为了保护文档，领导要求给文档所有页面添加"机密"文字水印，该如何操作呢？如果要求添加自定义的"业务部制作"水印，又该如何操作？

扫码看视频 ➤

❶ 在菜单栏中单击"设计"选项卡；

❷ 单击"水印"下拉按钮；

❸ 在下拉面板中单击"机密1"水印；

  Word 文档有自带的水印样式，若没有特殊的水印样式需求，直接单击喜欢的样式进行选择即可。

通过这样的操作就可以为文档添加上"机密"文字水印了。

如果要自定义水印内容怎么办？

❹ 在"水印"下拉面板中单击"自定义水印"命令；

❺ 在弹出的对话框中单击"文字水印"单选按钮；

❻ 在"文字"文本框中输入"业务部制作"；

❼ 其他参数保持默认设置，单击"确定"按钮。

  文字水印可以更改"字体""字号""颜色""版式"。

通过这样的操作，就能为文档添加自定义的"业务部制作"水印了。

No.005

为文档添加图片水印

公司制作了一个项目方案，为了体现本公司的特征，领导要求在页面中插入公司Logo作为水印，该怎么制作呢？

扫码看视频 >

❶ 在菜单栏中单击"设计"选项卡；

❷ 单击"水印"下拉按钮；

❸ 在弹出的下拉面板中单击"自定义水印"命令；

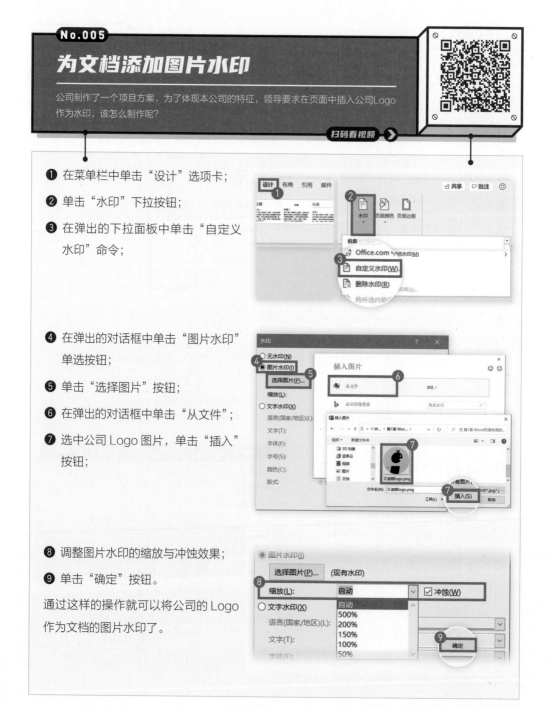

❹ 在弹出的对话框中单击"图片水印"单选按钮；

❺ 单击"选择图片"按钮；

❻ 在弹出的对话框中单击"从文件"；

❼ 选中公司 Logo 图片，单击"插入"按钮；

❽ 调整图片水印的缩放与冲蚀效果；

❾ 单击"确定"按钮。

通过这样的操作就可以将公司的 Logo 作为文档的图片水印了。

No.006
为文档添加图片背景

公司年会制作邀请函，想要用一张喜庆的图片作为邀请函的背景，直接插入图片调整起来非常麻烦，有没有更加简便的方法？

扫码看视频 >

❶ 在菜单栏上单击"设计"选项卡；

❷ 单击"页面颜色"下拉按钮；

❸ 在下拉面板中单击"填充效果"命令；

❹ 在弹出的对话框中单击"图片"选项卡；

❺ 单击"选择图片"按钮，从文件中选择需要插入的图片；

❻ 单击"确定"按钮。

No.007
将文档快速分页

公司要求策划书的内容新的一章必须从新的一页开始，可是上一章的内容刚用了页面的一半，按【Enter】键分页后续调整会有很多麻烦，该如何快速分页呢？

扫码看视频 >

将光标定位到章节最后：

❶ 在菜单栏上单击"布局"选项卡；

❷ 单击"分隔符"下拉按钮；

❸ 单击"分页符"命令。

　　插入分页符的快捷操作为按【Ctrl+Enter】快捷键。

通过这样的操作可快速将文档进行分页。

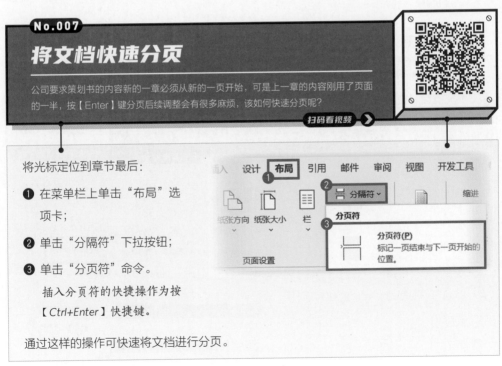

No.008

切换文字的输入状态

只不过是想在文档里面增加几个文字，没想到一输入文字，后面的文字就被"吞掉了"，这到底是怎么回事，应该怎么解决？

扫码看视频 ➤

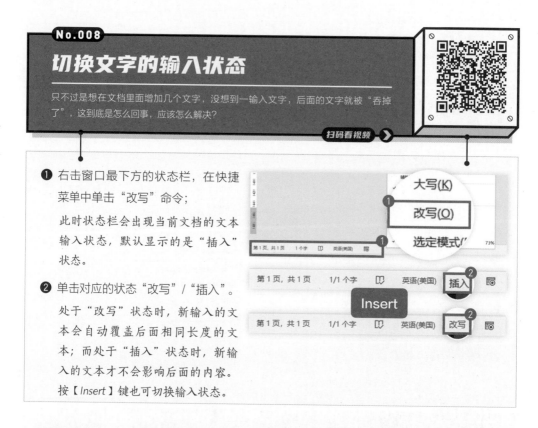

❶ 右击窗口最下方的状态栏，在快捷菜单中单击"改写"命令；

此时状态栏会出现当前文档的文本输入状态，默认显示的是"插入"状态。

❷ 单击对应的状态"改写"/"插入"。

处于"改写"状态时，新输入的文本会自动覆盖后面相同长度的文本；而处于"插入"状态时，新输入的文本才不会影响后面的内容。

按【Insert】键也可切换输入状态。

No.009

插入当前日期和时间

在制作合同或者其他需要明确标注时间的文档时，往往需要输入当前的日期和时间，如何才能更加快速地在Word中输入当前的日期和时间呢？

扫码看视频 ➤

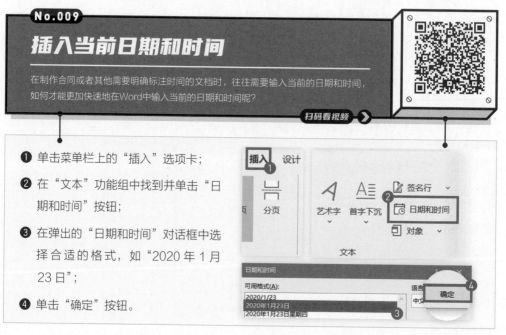

❶ 单击菜单栏上的"插入"选项卡；

❷ 在"文本"功能组中找到并单击"日期和时间"按钮；

❸ 在弹出的"日期和时间"对话框中选择合适的格式，如"2020 年 1 月 23 日"；

❹ 单击"确定"按钮。

No.010

快速输入高频使用文字

在制作文档时，经常会遇到一些需要重复输入的内容，比如公司信息、地址信息、发票信息等，在Word中有没有办法快速输入这类需要多次使用的文字呢？

扫码看视频 ▶

以公司的税号为例：

❶ 单击菜单栏中的"文件"选项卡；

❷ 单击"选项"命令；

❸ 在弹出的"Word 选项"对话框中单击"校对"选项卡；

❹ 单击右侧的"自动更正选项"按钮打开"自动更正"对话框；

❺ 在"替换"文本框中输入"税号"或其他方便记忆及输入的文字；

❻ 在"替换为"文本框中输入完整的纳税人识别号信息；

❼ 单击"添加"按钮；

❽ 单击"确定"按钮。

返回 Word，输入"税号"，软件就会自动将对应完整的纳税人识别号信息输入。

No.011

插入打钩、打叉的复选框

在制作Word电子表单的时候，如果想要在文档中插入只需单击就能打钩或打叉的复选框，该怎么操作呢？

扫码看视频

❶ 单击菜单栏中的"开发工具"选项卡；

❷ 在"控件"功能组中找到并单击"复选框内容控件"按钮将复选框插入文档中；

此时单击复选框即可打叉。

❸ 单击"属性"按钮；

❹ 在弹出的对话框中找到并单击"选中标记"后的"更改"按钮；

❺ 在弹出的"符号"对话框中选中"打钩"符号；

❻ 单击"确定"按钮；

❼ 退回"内容控件属性"对话框后再次单击"确定"按钮。

通过以上操作，就可以在文档中实现单击复选框自动打钩的操作了。

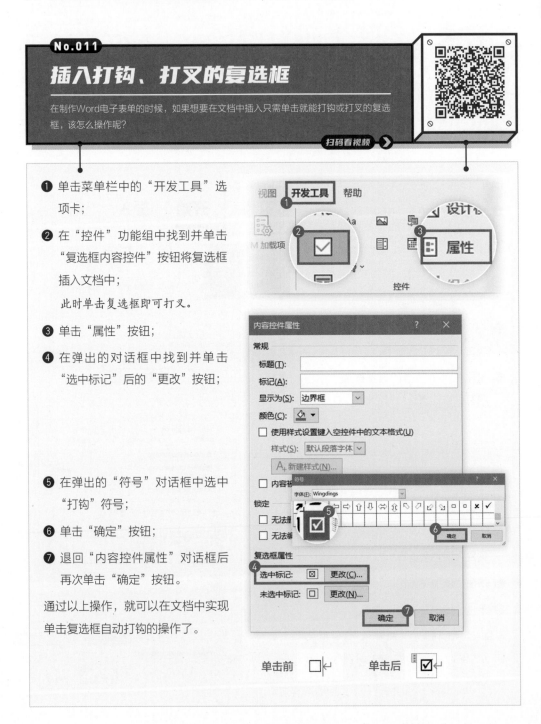

No.012

在文档中插入下拉列表

在制作Word电子表单的时候，想要在文档中插入可以快速选择内容输入的下拉列表，该怎么操作呢？

扫码看视频 ➤

❶ 单击菜单栏中的"开发工具"选项卡；

❷ 在"控件"功能组中找到并单击"下拉列表内容控件"将其插入文档中；

❸ 单击"属性"按钮；

❹ 在"内容控件属性"对话框中单击"添加"按钮；

❺ 在弹出的"添加选项"对话框中的"显示名称"文本框中输入选项后单击"确定"按钮；

　重复第❹、❺步的操作，直至所有选项添加完成。

❻ 单击"内容控件属性"对话框中的"确定"按钮。

通过以上的操作，就可以在文档中通过下拉列表选择填入内容了。

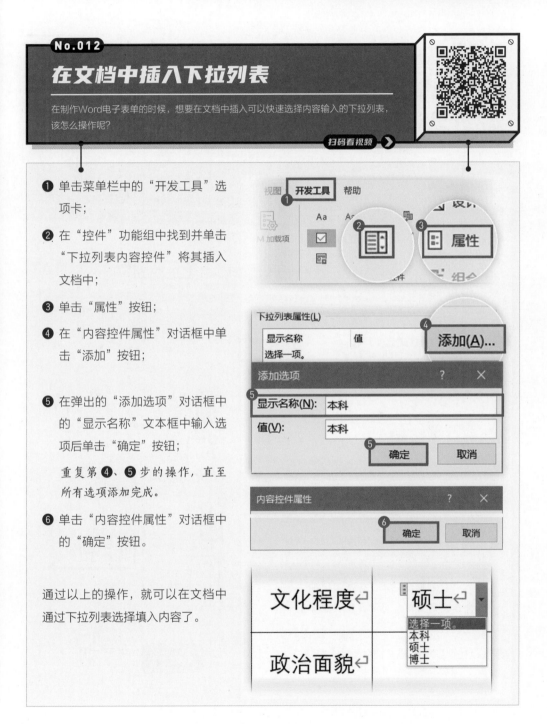

11

No.013

在文档中插入数学公式

在理工科论文或者学术报告中，经常需要输入各种数学公式，如何在Word中快捷地插入公式呢？

扫码看视频

这里以输入自由落体高度公式为例。

❶ 单击菜单栏中的"插入"选项卡；

❷ 找到并单击"公式"下拉按钮；

❸ 在下拉面板中单击"插入新公式"命令；

此时 Word 会进入公式编辑状态。

❹ 在公式输入框中输入"$h=$"；

❺ 在"公式"选项卡下方功能区中单击"分式"－"分式(竖式)"命令；

❻ 在上下两框中分别输入 1、2 并按键盘上的【→】键；

❼ 单击"上下标"－"上标"命令；

❽ 在第一个框输入"gt"，第二个框输入"2"；

❾ 选择"g"，按快捷键【Ctrl+I】将斜体改为正体。

注意：计量单位符号、特殊函数符号等需要用正体，变量、物理量符号等用斜体。

通过以上操作就可以在文档中插入公式。

No.014
快速选择文本

选择文本往往是直接单击鼠标后拖曳完成，但Word有很多选择文本的快捷技巧，比如快速选中一行文本、快速选中一句文本，以及快速选中一整段文本等。

扫码看视频 ➤

快速选中一行文本。

❶ 将鼠标指针移动到页面最左侧，此时鼠标指针将从指向左侧变为指向右侧；

❷ 单击鼠标左键，会选中与鼠标指针平行的一整行。

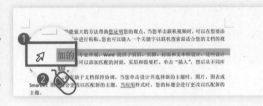

快速选中一句文本。

❸ 按住【Ctrl】键；

❹ 单击某句文本任意位置，即可选中整句文本。

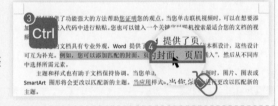

快速选中一整段文本。

❺ 在段落任意位置三击鼠标左键，即可选中整个段落。

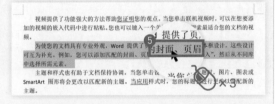

快速选中连续的文本。

❻ 将光标定位到待选文本的开头；

❼ 按住【Shift】键；

❽ 单击待选文本的末尾即可。

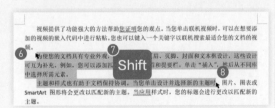

快速选中不连续的文本。

❾ 选中第一部分文本，按住【Ctrl】键不放，再选中其他部分文本，即可同时选中不连续的文本。

No.015

竖向选中文字

有些文档的每一个段落前都有一个固定长度的前缀，要想删除它们，一般做法是一个个选中然后删除，有没有更快捷的方法可以一次性删除呢？

扫码看视频

这里以带有时间戳的歌词为例。

❶ 按住【Alt】键；

❷ 在第一个时间戳前单击，按住鼠标左键不放，向右下方拖动，直至最后一个时间戳；

❸ 按键盘上的【Delete】键。

通过以上操作就能竖向选中和删除内容。

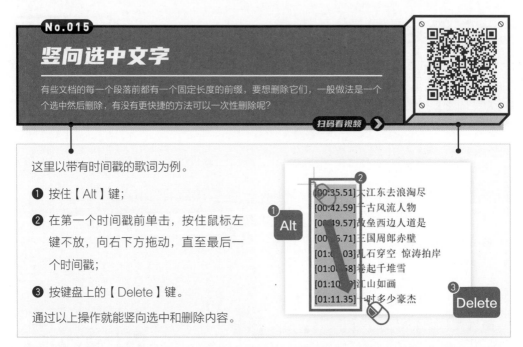

No.016

为内容添加着重号或下划线

领导让你为文档中重要的文本添加着重号或者双重下划线，对重要内容加以强调，这种情况下该怎么操作？

扫码看视频

❶ 选中需要强调的文本内容；

❷ 按快捷键【Ctrl+D】打开"字体"对话框；

❸ 若选择将"着重号"的"（无）"改为"·"，则可以为文本添加着重号；

❹ 若选择将"下划线线型"状态改为"="，则可以为选中的文本添加双重下划线效果。

No.017

批量修改英文的大小写

为了更快地输入英文内容，很多人都是在小写状态下输入英文单词，但是由于每句英文的首字母应该为大写，该怎么办呢？

扫码看视频 ➤

① 选中需要更改大小写的内容，单击菜单栏中的"开始"选项卡；

② 单击"Aa"下拉按钮；

③ 在下拉菜单中单击"句首字母大写"命令。

通过这样的操作就可以实现英文语句首字母大写的效果。

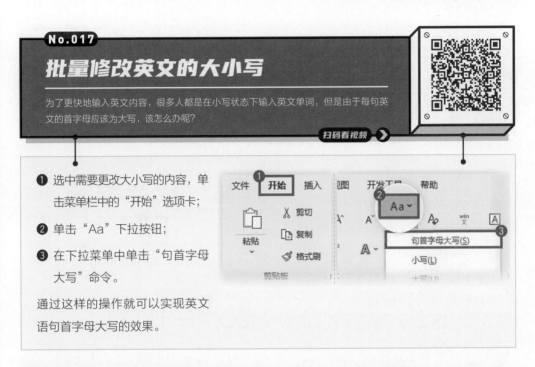

No.018

修改英文的全/半角状态

将从网上复制的文本内容粘贴到Word中时，会出现英文或阿拉伯数字间距变得很宽的情况。比如，ABCD变成了ＡＢＣＤ，这个问题该如何解决呢？

扫码看视频 ➤

① 选中出现异常的文本内容；

② 单击菜单栏中的"开始"选项卡；

③ 单击"Aa"下拉按钮；

④ 在下拉菜单中单击"半角"命令。

通过这样的操作就可以把出现异常的英文或者阿拉伯数字变为正常状态。

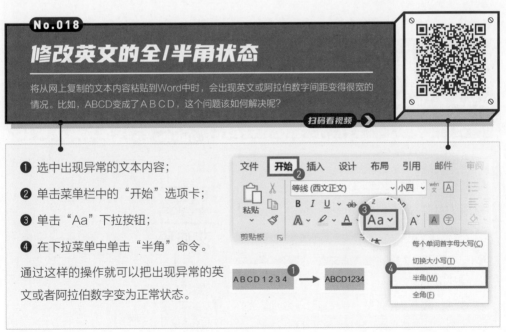

No.019

调整单位符号的上下标

计量单位中经常会有m^2、m^3，化学式中也会有H_2O、CO_2这样需要使用上下标的内容，如何才能做出上下标的效果呢？

扫码看视频 ➤

以化学式 H_2O 为例。

❶ 在文档中输入 H2O，并选中"2"；

❷ 单击菜单栏中的"开始"选项卡；

❸ 找到并单击"X_2"下标按钮，即可实现下标效果；同理，实现上标效果只需单击"X^2"上标按钮。

　　另外，上下标的快捷键分别是【*Ctrl+=*】【*Ctrl+Shift+=*】。

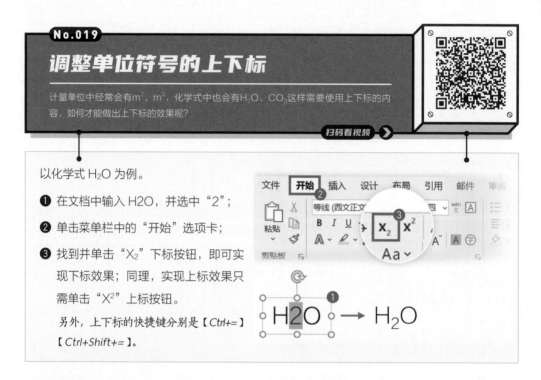

No.020

快速复制文本格式

文字的格式设置参数相当复杂，包含字体、字号、颜色、粗细、倾斜等，如果手动对大量不连续的文本进行相同的格式设置，相当耗费时间，有没有方法能更加高效地完成？

扫码看视频 ➤

❶ 选中已经设置好格式的文本；

❷ 在"开始"选项卡下的功能区中单击"格式刷"按钮，鼠标指针将变成刷子形态；

❸ 选中需要设置相同格式的文本，即可将格式快速应用到该文本。

　　注意：双击"格式刷"可以连续地应用格式。

　　复制、应用格式的快捷键分别为【*Ctrl+Shift+C*】【*Ctrl+Shift+V*】。

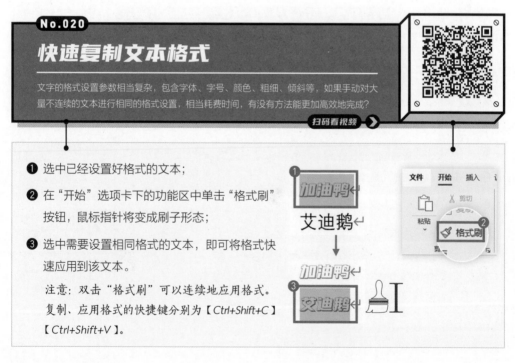

No.021

调整段落的对齐方式

为了调整段落的对齐方式，很多人都是敲空格键进行处理的，这样操作虽然方便，但会给后续的内容调整带来不便。如何更加快速地调整对齐方式呢？

扫码看视频 ❯

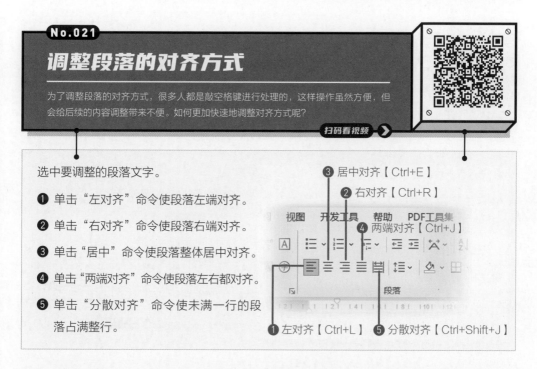

选中要调整的段落文字。

❶ 单击"左对齐"命令使段落左端对齐。

❷ 单击"右对齐"命令使段落右端对齐。

❸ 单击"居中"命令使段落整体居中对齐。

❹ 单击"两端对齐"命令使段落左右都对齐。

❺ 单击"分散对齐"命令使未满一行的段落占满整行。

❸ 居中对齐【Ctrl+E】
❷ 右对齐【Ctrl+R】
❹ 两端对齐【Ctrl+J】
❶ 左对齐【Ctrl+L】
❺ 分散对齐【Ctrl+Shift+J】

No.022

设置段落开头空两格

制作中文文档的时候，会要求段落开头空两格，很多人都是敲空格键完成的，其实Word中已经内置了可以快速实现的方法。

扫码看视频 ❯

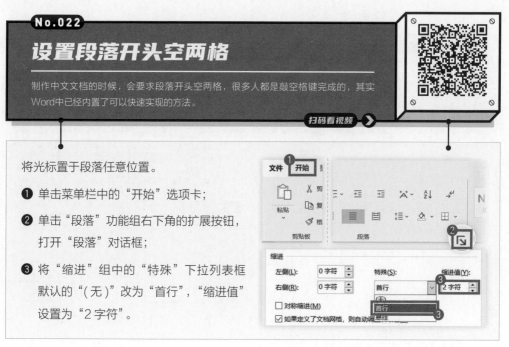

将光标置于段落任意位置。

❶ 单击菜单栏中的"开始"选项卡；

❷ 单击"段落"功能组右下角的扩展按钮，打开"段落"对话框；

❸ 将"缩进"组中的"特殊"下拉列表框默认的"（无）"改为"首行"，"缩进值"设置为"2字符"。

No.023
设置文字悬挂缩进

一些特殊编号如❶❷❸无法直接通过编号功能输入，只能手动输入，如此编号的段落在编号下方往往会出现文字，如何才能让第二行文字与第一行的文字对齐呢？

扫码看视频

将光标置于段落任意位置：

❶ 单击菜单栏中的"开始"选项卡；

❷ 单击"段落"功能组右下角的扩展按钮，打开"段落"对话框；

❸ 将"缩进"组的"特殊"下拉列表框的"（无）"改为"悬挂"；

❹ 修改"缩进值"为"2字符"，若编号后有空格则输入"2.5字符"。

No.024
用标尺设置段落缩进

很多人不知道Word文档上方带有刻度的小部件是干什么用的，它的名字叫标尺，可以帮助我们直观且快速地调整段落缩进的效果。

扫码看视频

❶ 单击菜单栏中的"视图"选项卡；

❷ 在"显示"功能组里找到并勾选"标尺"复选框；

❸ 标尺上面有4个小滑块，左边从上到下有3个滑块，它们分别是首行缩进、悬挂缩进和左缩进，最右边的滑块则是右缩进。通过拖动这些滑块的位置，可以调整段落缩进效果。

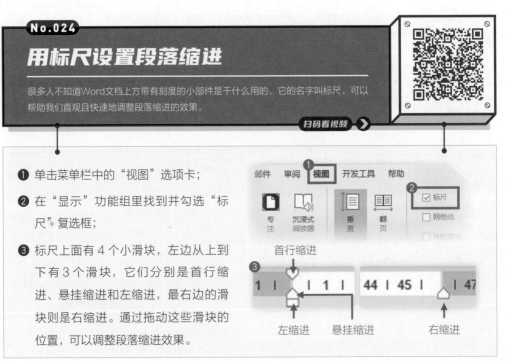

No.025

设置段落间距/行距

为了让排版看起来更舒服，需要调整文档中段与段之间的距离与段落中各行文字之间的距离，这些要如何操作呢？

扫码看视频 ❯

❶ 单击菜单栏中的"开始"选项卡；

❷ 单击"段落"功能组右下角的扩展按钮，打开"段落"对话框；

❸ 修改"段后"的参数为"1行"；

❹ 修改"行距"下方的选项可调整行距。

　行距默认为单倍，还可选择1.5倍、2倍行距，其他的行距选项均需要手动调整"设置值"确定。

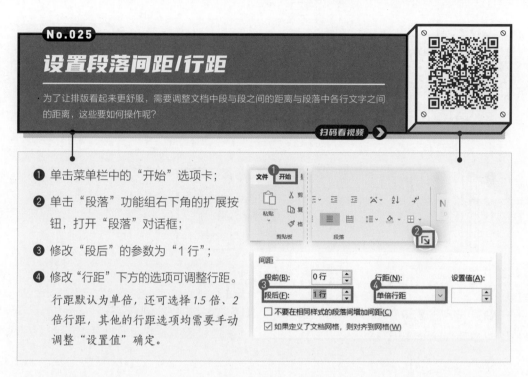

No.026

将两行文本合并成一行

经常可以看到有些公文的抬头是两个机构/组织名，这种效果是怎么制作出来的呢？

扫码看视频 ❯

❶ 选中需合并的文本；

❷ 单击菜单栏中的"开始"选项卡；

❸ 单击"中文版式"下拉按钮，在下拉菜单中单击"双行合一"命令；

❹ 在弹出的"双行合一"对话框中预览效果后，单击"确定"按钮。

通过以上操作就能实现双行合一的效果。

No.027

设置段落的制表位

制作节目单的时候，需要将节目名、节目类别、参演人分成3列对齐，许多人只会敲空格键去完成，如果后期需要修改也会很困难，有没有更快的方法可以解决？

扫码看视频

❶ 选中所有的节目名、节目类别与参演人；

❷ 单击菜单栏中的"开始"选项卡；

❸ 单击"段落"功能组右下角的扩展按钮，打开"段落"对话框；

❹ 单击左下角的"制表位"命令；

❺ 在弹出对话框的"制表位位置"文本框中输入"14字符"；

❻ 单击"设置"按钮，完成第一个制表位的添加；

重复第❺、❻步的操作，在"28字符"处添加第二个制表位。

❼ 单击"确定"按钮；

❽ 将光标放在"节目名"之后，按【Tab】键；

❾ 将光标放在"节目类别"之后，按【Tab】键。

对以下各行重复第❽、❾步的操作，完成所有节目单的对齐。

No.028
设置段落的自动分页

一些文档需要每个段落从新的一页开始，如果在每个段落前手动分页的话，效率很低，有没有自动让段落从新的一页开始的办法呢？

扫码看视频 ➤

将光标置于段落中的任意位置：

❶ 单击菜单栏中的"开始"选项卡；

❷ 单击"段落"功能组右下角的扩展按钮，打开"段落"对话框；

❸ 切换到"换行和分页"选项卡，勾选"段前分页"复选框。

通过以上操作就可以让当前段落从新的一页开始。

No.029
实现英文单词自动换行

英文的单词长短不一，在排版时就会出现很多问题。如在英文排版中使用两端对齐，会导致单词间空格大小不一，如何才能解决这个问题呢？

扫码看视频 ➤

将光标放在需要调整的段落中：

❶ 单击菜单栏中的"开始"选项卡；

❷ 单击"段落"功能组右下角的扩展按钮，打开"段落"对话框；

❸ 切换到"中文版式"选项卡；

❹ 勾选"允许西文在单词中间换行"复选框，单击"确定"按钮后，英文单词间距将会变得一致。

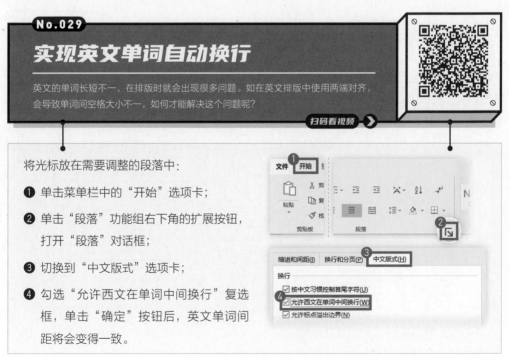

No.030

显示和隐藏编辑符号

同事发来的文件,打开之后除了显示文字之外,还有很多奇奇怪怪的符号,自己平时
插入的空格也会变成小点,这到底是怎么回事,该如何处理?

扫码看视频

除了标点符号之外,还有编辑标记,比
如制表符、分页符、分节符等,这些编
辑标记默认都是不可见的,除非:

❶ 单击菜单栏中的"开始"选项卡;

❷ 单击"段落"功能组的"显示/隐
藏编辑标记"命令。

通过这样的操作就可以让平时不可见的
编辑标记显示出来。

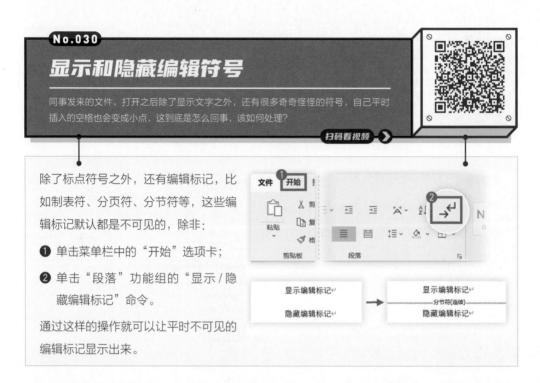

No.031

批量更新段落格式

如果对某一样式下的段落格式不满意,想要更改,是不是每一个段落都要更改一次
呢? 其实不用,也不必打开修改样式的对话框,简单操作就可以批量搞定!

扫码看视频

以应用了"标题2"样式的段落为例:

❶ 手动修改任意一个应用了"标题2"
样式段落的文本颜色为红色;

❷ 在"开始"选项卡下方功能区中,
右击"标题2"样式,单击"更新
标题2以匹配所选内容"命令。

通过以上操作,所有应用了"标题2"
样式的段落都会同步修改完成。

No.032
应用样式快速美化文档

制作文档时我们需要对不同级别的段落设置不一样的格式，如果每一次都做完整的操作，会耗费很多时间，有没有办法能帮我们快速完成复杂格式的设置呢？

扫码看视频 ➔

这要用到"样式"这个集文字格式、段落格式、大纲级别、编号等为一体的功能：

❶ 将光标置于标题段落的任意位置；

❷ 单击菜单栏中的"开始"选项卡；

❸ 单击任意一个样式就能实现格式的快速设置。

　　长文档一般有章、节、小节3级，对应使用标题1、标题2、标题3样式。

样式还可以设置快捷键，操作更高效。

以"标题1"样式为例：

❹ 右击"标题1"样式，单击"修改"命令；

❺ 在"修改样式"对话框中，单击"格式"–"快捷键"，打开"自定义键盘"对话框；

❻ 单击"请按新快捷键"文本框，按你想要的快捷键，比如【Alt+1】；

❼ 单击"指定"按钮，然后关闭当前对话框返回"修改样式"对话框，单击"确定"按钮。

通过以上操作就能为样式自定义快捷键。

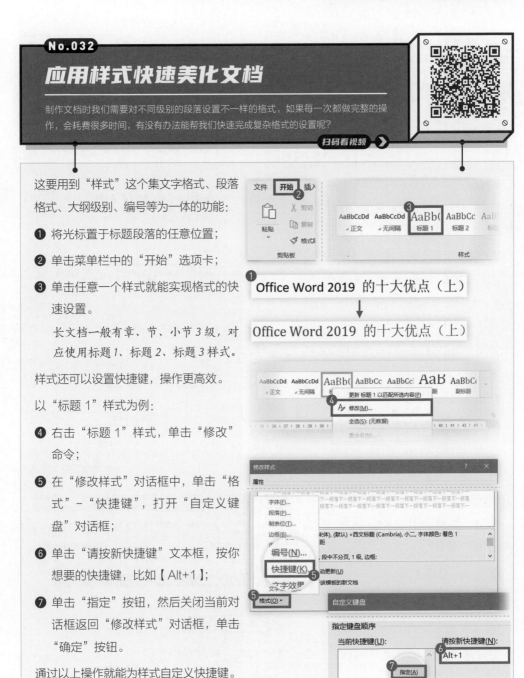

扫码看视频 >

No.033
显示未使用的样式

长文档的编写要求使用"标题1""标题2""标题3"样式，但是我在样式框里只找到了标题1、标题2，并没有看到标题3，这该怎么办呢？

这个问题就涉及样式的显示和隐藏了，Word 默认会推荐显示常用的样式，而对一些样式进行隐藏。

只有触发了某一条件时，这些隐藏的样式才会显示出来，比如"标题 3"样式，就只有在文档应用了"标题 2"样式之后才会显示。

如果想修改样式的显示类别，可以按照如下操作进行：

❶ 单击菜单栏中的"开始"选项卡；

❷ 单击"样式"功能组右下角的扩展按钮；

❸ 在窗口右侧弹出的"样式"面板中，单击"管理样式"按钮；

❹ 在"管理样式"对话框中切换到"推荐"选项卡；

❺ 选中"标题 3"样式；

❻ 单击下方的"显示"按钮；

❼ 单击"确定"按钮。

通过以上操作就可以让"标题 3"样式始终显示在样式框中了。

未应用"标题2"样式

已应用"标题2"样式

No.034

快速搭建文档框架

在普通视图下输入文字时，需要来回单击样式以设置段落格式，有没有什么方法可以在输入文字的时候自动应用样式？

扫码看视频 ➤

❶ 单击菜单栏中的"视图"选项卡；

❷ 单击"大纲"按钮，将页面视图切换至大纲视图；

❸ 在大纲视图下输入文本，文本的大纲级别默认是 1 级；

软件会自动为 1 级大纲套用"标题1"样式，对 2 级大纲则会套用"标题2"样式，以此类推。

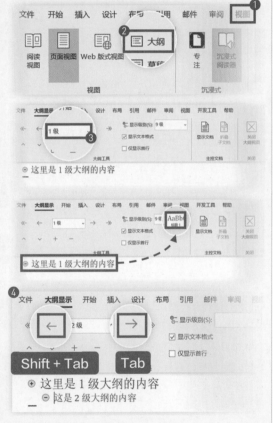

❹ 如果需要调整内容的大纲级别，在"大纲显示"选项卡下方功能区中单击"升级"/"降级"按钮即可。

降低级别的快捷键是【Tab】，提高级别的快捷键是【Shift+Tab】。

通过以上操作就可以快速搭建文档框架。

想要获取更多好用的插件？
关注微信公众号【老秦】(ID：laoqinppt)，
回复关键词"论文"，即可获取"毕业论文排版手册"，
轻松搞定毕业论文的各种文档排版难题！

No.035

在文档中插入图片

要想让Word文档图文并茂，如何在Word文档中插入图片，又如何进一步做图文排版的设置？

扫码看视频 >

❶ 单击菜单栏中的"插入"选项卡；

❷ 单击"图片"下拉按钮，在下拉菜单中单击"此设备"命令；

❸ 在弹出的"插入图片"对话框中找到并选中需要的图片；

❹ 单击"插入"按钮即可插入该图片。

在 Word 中插入的图片默认为嵌入型，即图片像字符一样插入字符与字符之间。

嵌入型图片会受制于行间距或者文档网格设置，为了方便做图文排版，可以调整图片为浮动型，共有 6 种不同的形式，分别是四周型、紧密型环绕、穿越型环绕、上下型环绕、浮于文字上方、衬于文字下方。

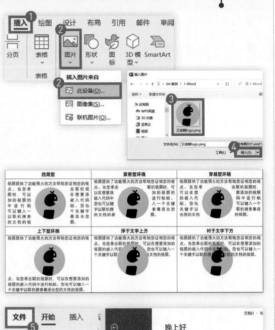

如果某一种类型使用的频率很高，为了减少重复操作，是否可以修改图片插入的默认类型呢？

❺ 单击菜单栏中的"文件"-"选项"；

❻ 切换到"高级"选项卡；

❼ 找到并单击"将图片插入/粘贴为"后面的下拉按钮，改为"四周型"或者其他你想要的类型，然后单击"确定"按钮即可完成图片默认插入类型的修改。

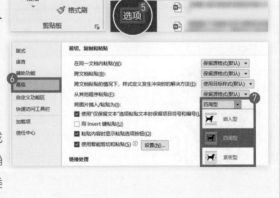

通过以上操作就能快速插入图片了。

No.036

让文字紧紧围绕图片

想在文字里面插入一张爱心图片，让文字显得更加动人，插入进去才发现，图片将文本撑开并拆分成上下两段，该如何才能让文字紧紧环绕图片排版呢？

扫码看视频 ❯

将图片布局设置为"穿越型环绕"，即可让文字围绕图片排版。如果不满意围绕的效果，可以按如下操作：

❶ 右击图片，单击【环绕文字】-【编辑环绕顶点】；

❷ 贴合图片形状手动调节环绕顶点。

单击图片之外的位置退出编辑就可以让文字紧紧贴合图片了。

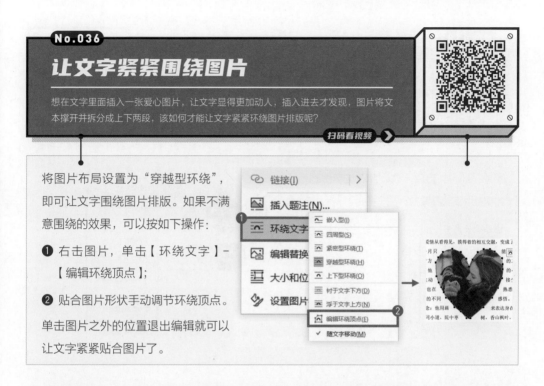

No.037

让图片显示完整

有时插入到Word里面的图片会出现只显示一部分的情况，该如何让图片显示完整呢？

扫码看视频 ❯

当图片布局方式为嵌入型时，图片会受制于行间距或者文档网格设置。

图片显示不完整，是因为图片所在段落的行距被设置成了"固定值"，解决方案如下：

选中图片后，按快捷键【Ctrl+1】将行距设置为单倍行距即可。

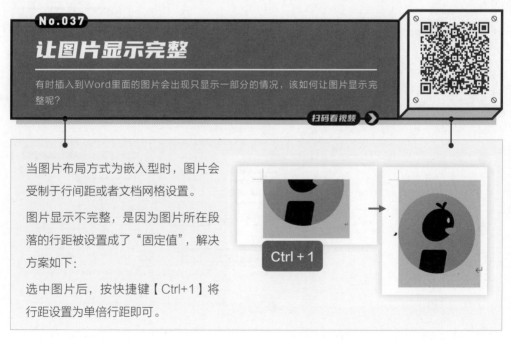

No.038

将图片固定在某一位置

图片在插入文档后，如果图片前面的文本发生修改，图片的位置也会相应发生改变，如何才能让图片固定在特定的位置，不随文档修改而改变？

扫码看视频

图片在插入文档后，默认会随文字移动，如果想固定图片位置，方法如下：

❶ 单击选中图片，单击图片右上角的"布局选项"按钮；

❷ 在弹出的面板中单击"在页面上的位置固定"单选按钮。

通过以上操作就能将图片位置固定。

No.039

批量对齐图片

文档中插入了很多图片，想要对齐难道只能一个一个手动调整？有没有更方便、快捷的方法能够帮我搞定？

扫码看视频

❶ 按快捷键【Ctrl+H】打开"查找和替换"对话框，在"查找内容"文本框中输入"^g"；

❷ 将光标定位在"替换为"文本框中；

❸ 单击"更多"-"格式"-"段落"；

❹ 将"对齐方式"修改为"居中"并单击"确定"按钮；

❺ 单击"全部替换"按钮。

注意，以上操作仅适用于嵌入型图片。

No.040

创建指定行、列数的表格

如果想要在文档中创建指定行、列数的表格，有哪些方法？

扫码看视频

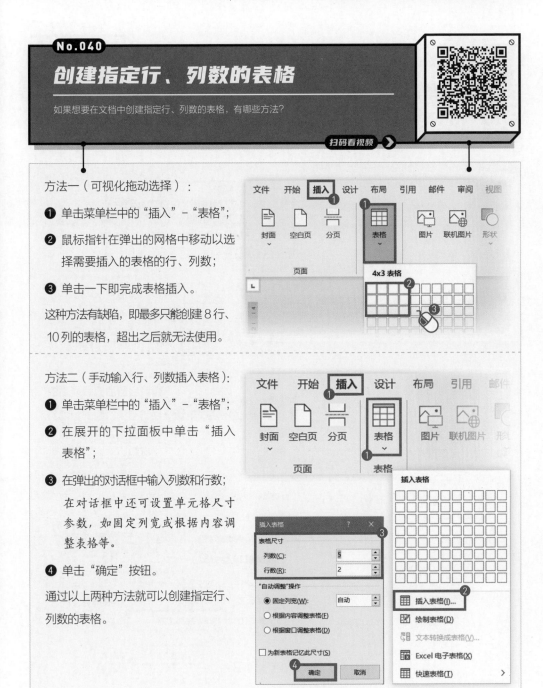

方法一（可视化拖动选择）：

❶ 单击菜单栏中的"插入"-"表格"；

❷ 鼠标指针在弹出的网格中移动以选
择需要插入的表格的行、列数；

❸ 单击一下即完成表格插入。

这种方法有缺陷，即最多只能创建8行、
10列的表格，超出之后就无法使用。

方法二（手动输入行、列数插入表格）：

❶ 单击菜单栏中的"插入"-"表格"；

❷ 在展开的下拉面板中单击"插入
表格"；

❸ 在弹出的对话框中输入列数和行数；
在对话框中还可设置单元格尺寸
参数，如固定列宽或根据内容调
整表格等。

❹ 单击"确定"按钮。

通过以上两种方法就可以创建指定行、
列数的表格。

No.041
将文本转换为表格

领导在工作群里发来一串文字，让你把它们制作成表格，这个时候只能先画表格，再复制、粘贴内容吗？其实有更简单的方法！

扫码看视频

❶ 选中需要填写到表格中的文本；

注意：待转换为表格的文本中得有固定的间隔标记，比如空格、逗号等。

❷ 单击菜单栏中的"插入"-"表格"；

❸ 在下拉面板中选择"文本转换成表格"；

❹ 在弹出的对话框中单击"其他字符"单选按钮并在框中输入中文逗号；

若框中无法输入中文符号，可以先复制对应符号，然后粘贴进来。

此时软件会自动修改表格列数。

❺ 单击"确定"按钮。

通过以上操作就能将文本转换为表格。

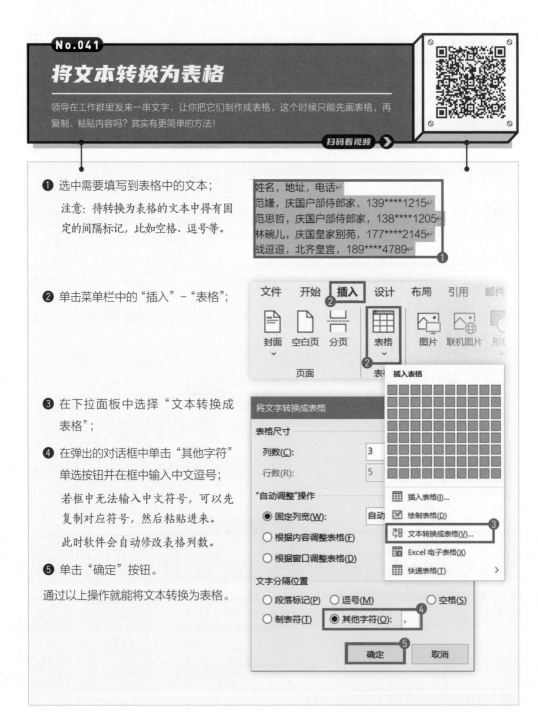

No.042

将表格转换为文本

No.041教大家如何把文本转换为表格，那么如果要使用文档材料中表格里的文本，有没有办法可以快速把表格内容转换为文本？

扫码看视频 ➤

方法一（复制、粘贴法）：

❶ 单击表格左上角的四向箭头符号选中表格；

❷ 按快捷键【Ctrl+C】复制表格；

❸ 右击文档空白位置，在"粘贴选项"里单击"只保留文本"按钮。

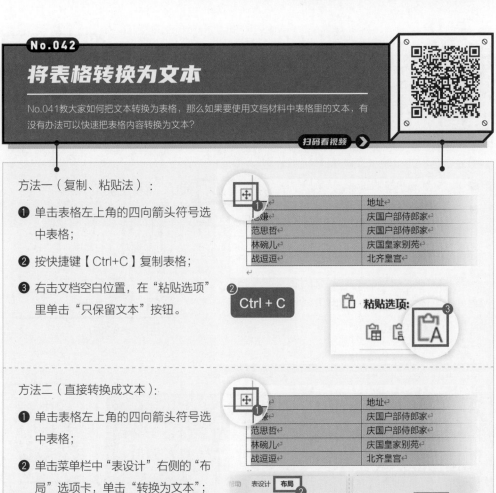

方法二（直接转换成文本）：

❶ 单击表格左上角的四向箭头符号选中表格；

❷ 单击菜单栏中"表设计"右侧的"布局"选项卡，单击"转换为文本"；

❸ 在弹出的对话框中选择一个文字分隔符，一般选"制表符"作为文字分隔符；

❹ 单击"确定"按钮。

通过以上两种方法，就可以快速将表格转换为文本。

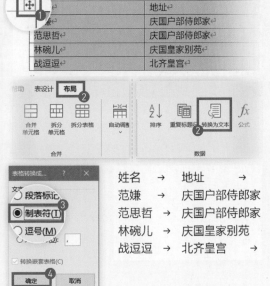

No.043

嵌入Excel电子表格

Word里的表格功能相较于专业的Excel还是少了些，那么能不能在Word里面实现Excel的功能呢？

扫码看视频

❶ 单击菜单栏中的"插入"-"表格"；

❷ 在下拉面板中单击"Excel 电子表格"命令。

通过这样的操作，文档里就会插入一个Excel 工作表，页面也会变成 Excel 的界面。这样一来，就可以在 Word 中使用 Excel 的功能了。

No.044

快速添加行与列

做表格的时候经常会遇到临时要添加几行/列内容的情况，如何才能更加高效地完成行与列的添加呢？

扫码看视频

选中表格中的单元格：

❶ 单击菜单栏"表设计"右侧的"布局"选项卡；

❷ 如需插入行，单击"在上方插入"或"在下方插入"；如需插入列，则单击"在左侧插入"或"在右侧插入"。

如果想插入多行，就选中对应数量的多行单元格，再执行第❷步操作；同理，插入多列就选中对应数量的多列单元格，再行插入。

No.045

为单元格添加斜线

在制作表格的时候，有时需要制作带斜线框的表头，该怎样才能快速做出斜线表头呢？

扫码看视频 ➤

选中表格中的单元格：

❶ 单击菜单栏中的"开始"选项卡；

❷ 单击"段落"功能组中的"边框"下拉按钮；

❸ 在下拉菜单中单击"斜下框线"。

这样就可以为单元格添加上斜线边框了，如果想在两个框中填写内容，需要借助【Enter】键换行和标尺左对齐滑块进行对齐。

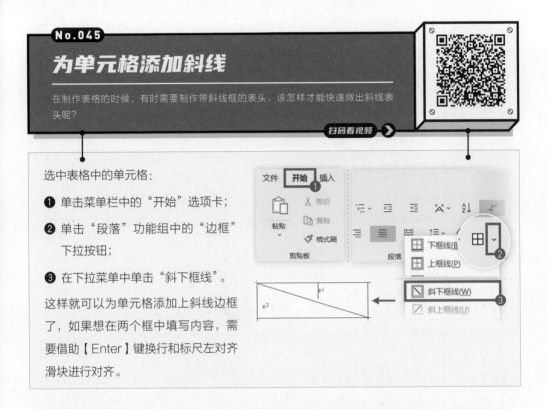

No.046

快速调整表格的样式

Word里面插入的表格默认是黑色线框，看起来完全没有特色，如何才能快速美化Word表格？

扫码看视频 ➤

将光标放置在表格的任意单元格内：

❶ 单击菜单栏中的"表设计"选项卡；

❷ 在"表格样式"功能组选择一个表格样式就可以快速美化整个表格；

❸ 单击表格样式的下拉按钮，还可以选择更多的样式；

❹ 在左侧的"表格样式选项"中勾选不同的选项还能得到更多表格样式。

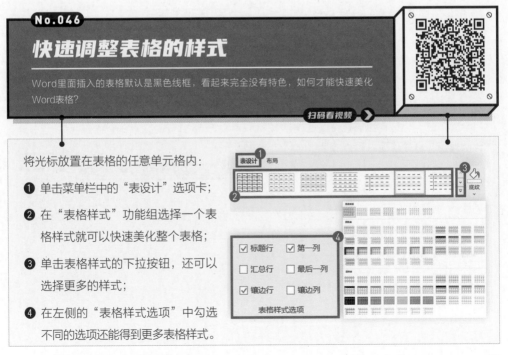

33

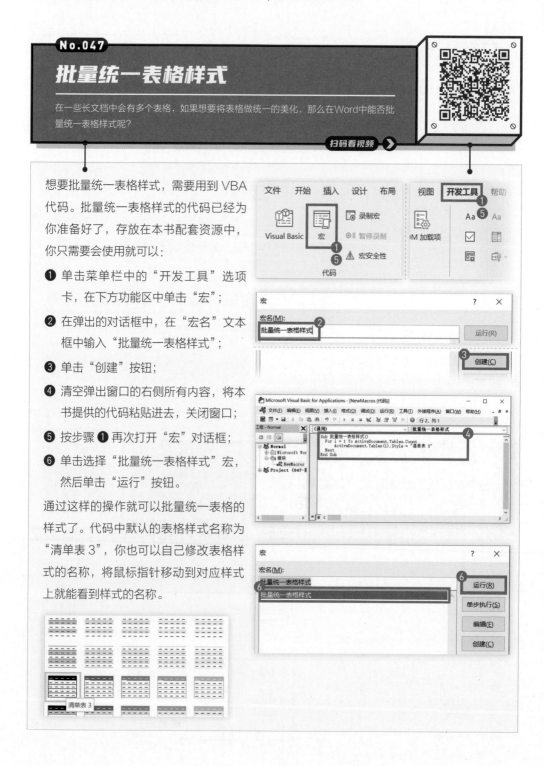

No.047

批量统一表格样式

在一些长文档中会有多个表格，如果想要将表格做统一的美化，那么在Word中能否批量统一表格样式呢？

扫码看视频

想要批量统一表格样式，需要用到 VBA 代码。批量统一表格样式的代码已经为你准备好了，存放在本书配套资源中，你只需要会使用就可以：

❶ 单击菜单栏中的"开发工具"选项卡，在下方功能区中单击"宏"；

❷ 在弹出的对话框中，在"宏名"文本框中输入"批量统一表格样式"；

❸ 单击"创建"按钮；

❹ 清空弹出窗口的右侧所有内容，将本书提供的代码粘贴进去，关闭窗口；

❺ 按步骤❶再次打开"宏"对话框；

❻ 单击选择"批量统一表格样式"宏，然后单击"运行"按钮。

通过这样的操作就可以批量统一表格的样式了。代码中默认的表格样式名称为"清单表 3"，你也可以自己修改表格样式的名称，将鼠标指针移动到对应样式上就能看到样式的名称。

No.048

创建三线表的表格样式

论文中的数据表格要使用三线表，频繁地设置表格边框太麻烦了，能不能直接制作一个三线表的样式，从而一键套用？

扫码看视频 ➤

插入任意一个表格：

❶ 单击菜单栏中的"表设计"选项卡；

❷ 单击"表格样式"的下拉按钮，在下拉面板中单击"新建表格样式"；

❸ 在弹出的对话框中，修改"名称"为"三线表"；

❹ 将"将格式应用于"改为"标题行"；

❺ 单击"格式"-"边框和底纹"；

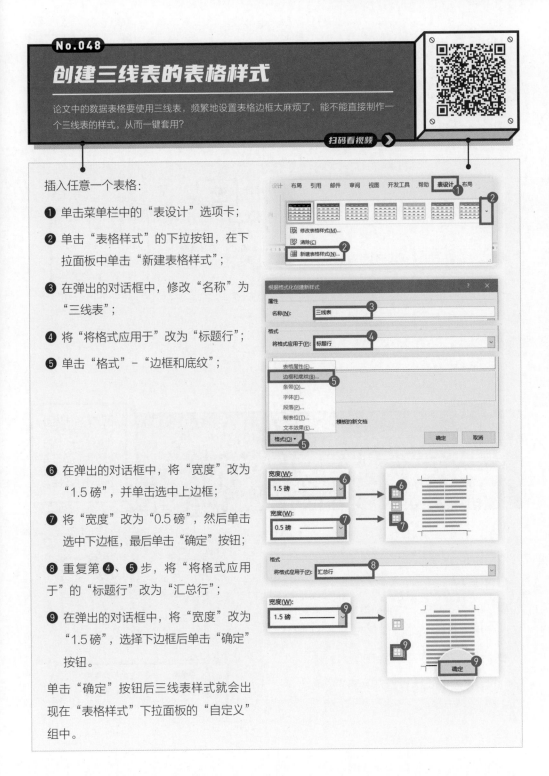

❻ 在弹出的对话框中，将"宽度"改为"1.5磅"，并单击选中上边框；

❼ 将"宽度"改为"0.5磅"，然后单击选中下边框，最后单击"确定"按钮；

❽ 重复第❹、❺步，将"将格式应用于"的"标题行"改为"汇总行"；

❾ 在弹出的对话框中，将"宽度"改为"1.5磅"，选择下边框后单击"确定"按钮。

单击"确定"按钮后三线表样式就会出现在"表格样式"下拉面板的"自定义"组中。

No.049

调整表格文本的对齐方式

你有没有遇到过在单元格中输入文字之后，文字紧紧贴在上边框，想要对齐到单元格正中间怎么调整都不行的情况？其实在Word里面有快捷方法可以实现。

扫码看视频

将光标定位在单元格中：

❶ 单击菜单栏中"表设计"右侧的"布局"选项卡；

❷ 在"对齐方式"功能组里就可以快速调整文本在单元格中的对齐方式。

对齐方式有：左上、中上、右上、左中、正中、右中、左下、中下、右下。

通过以上操作就可以完成表格文本的对齐。

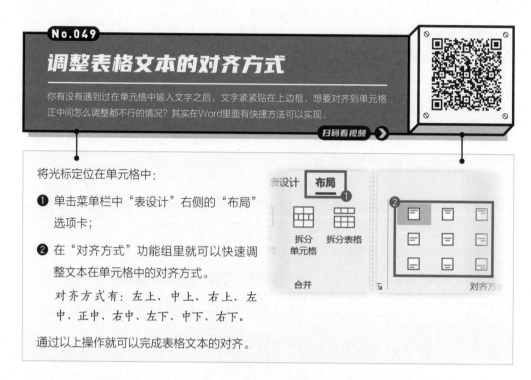

No.050

调整单元格的边距

在单元格中输入文本后，发现无论怎么调整文字的对齐方式，文字总是离边框太远，到底该怎么处理？

扫码看视频

将光标定位在单元格中：

❶ 单击菜单栏中的"布局"选项卡；

❷ 在"对齐方式"功能组里单击"单元格边距"按钮，弹出"表格选项"对话框；

❸ 将上、下、左、右边距都调整为0。

通过以上操作就可以调整单元格的边距。

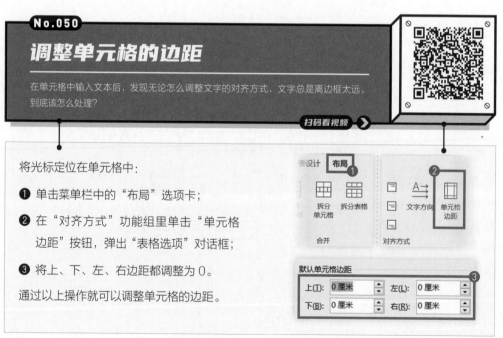

No.051

快速拆分表格

要想把一个表格拆分成两个表格，有没有快捷的方法？

扫码看视频 ➤

❶ 把光标定位在需要准备拆分的行的任意单元格中；

❷ 按快捷键【Ctrl+Shift+Enter】。

通过以上操作就可以快速完成表格的拆分。

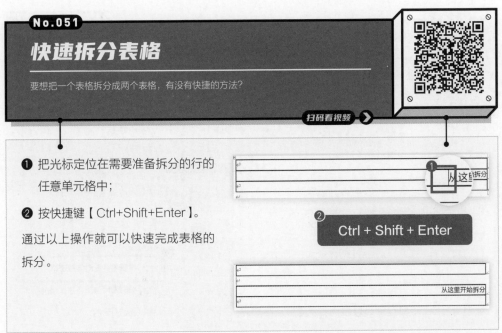

No.052

为表格设置重复标题行

Word中一旦遇到长表格就会自动分页，但Word无法像Excel那样冻结表头，该如何让Word表格的每一页都显示表头呢？

扫码看视频 ➤

❶ 将光标置于表头所在行的任意单元格；

❷ 单击"表设计"右侧的"布局"选项卡；

❸ 在"数据"功能组里找到并单击"重复标题行"。

通过以上操作就能实现标题行的重复。

No.053

自动调整表格的宽度

表格制作完成后往往会根据内容修改单元格的宽度，手动拖动的方式太麻烦，每一列都要操作一次。其实在Word里面可以轻松搞定！

扫码看视频

❶ 单击表格左上角的四向箭头符号选中表格；

❷ 单击菜单栏中的"布局"选项卡；

❸ 单击"自动调整"下拉按钮；

❹ 在下拉菜单中单击"根据内容自动调整表格"命令。

通过以上操作就能自动调整表格的宽度。

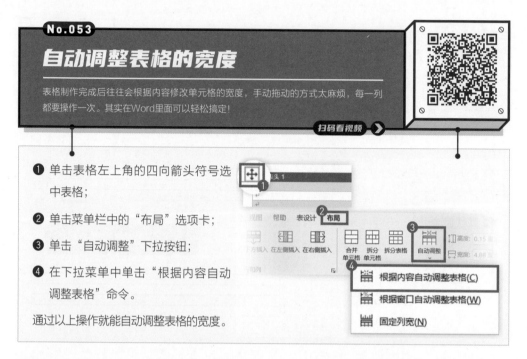

No.054

平均分布表格的行/列

制作完表格后，表格的行和列或多或少都会出现行高不一致、列宽不一致的现象，如何才能让表格的行高/列宽统一呢？

扫码看视频

❶ 单击表格左上角的四向箭头符号选中表格；

❷ 单击菜单栏中的"布局"选项卡；

❸ 在"单元格大小"功能组中单击"分布行"和"分布列"按钮。

通过以上操作就能平均分布行和列。

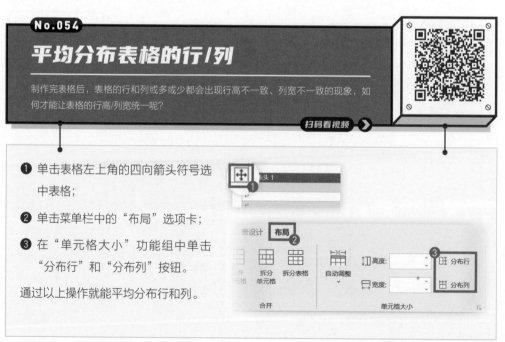

No.055

防止单元格被图片撑大

有时在表格中插入图片后，单元格会被突然撑得很大，导致整个表格发生变形，该如何处理这个问题呢？

扫码看视频 ▶

选中要插入图片的单元格：

❶ 单击菜单栏中的"布局"选项卡；

❷ 单击"单元格大小"功能组右下角的扩展按钮；

❸ 在弹出的"表格属性"对话框中单击"选项"按钮；

❹ 在"表格选项"对话框中取消勾选"自动重调尺寸以适应内容"复选框。

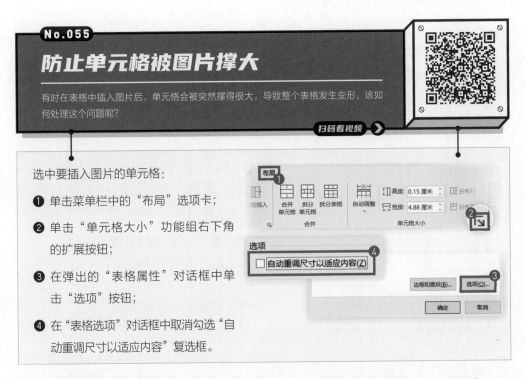

No.056

让文字适应单元格大小

不想让太长的文本撑大单元格或自动换行，有什么好办法来解决这个问题？

扫码看视频 ▶

❶ 单击菜单栏中的"布局"选项卡；

❷ 单击"属性"；

❸ 在弹出的对话框中切换到"单元格"选项卡，单击"选项"按钮；

❹ 勾选"适应文字"复选框。

通过以上操作，在单元格内输入再长的文本都会挤在固定大小的单元格内。

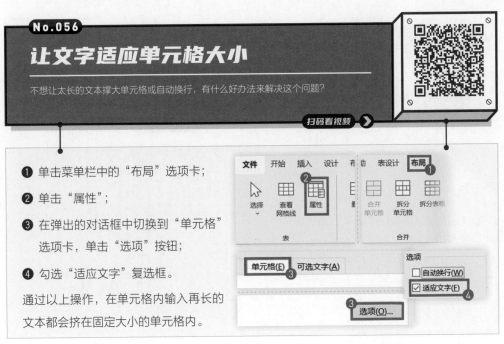

No.057

防止单元格跳到下一页

在表格中输入文本时，突然整个单元格跳到了下一页，在上一页留下了大量空白，该怎么解决这个问题？

扫码看视频

将光标置于表格单元格中：

❶ 单击菜单栏中的"布局"选项卡；

❷ 单击"属性"；

❸ 在弹出的对话框中切换到"行"选项卡；

❹ 勾选"允许跨页断行"复选框。

通过以上操作就可以防止单元格跳转到下一页了。

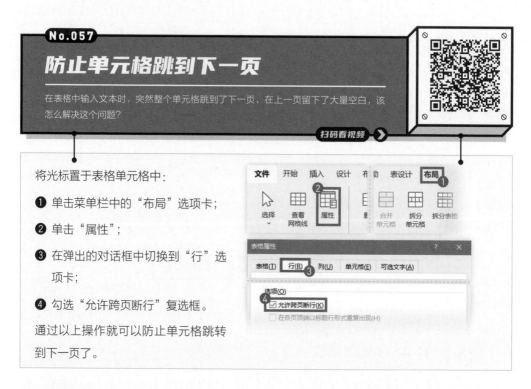

No.058

过长表格的快速排版

Word中遇到长条形的表格时，文档右侧就会有大面积的空白，如何才能将这些空白利用起来？

扫码看视频

❶ 单击菜单栏中的"布局"选项卡；

❷ 单击"栏"下拉按钮；

❸ 在下拉菜单中单击"两栏"命令。

栏数可以根据表格的宽度进行选择，另外可以按照技巧No.052设置"重复标题行"。

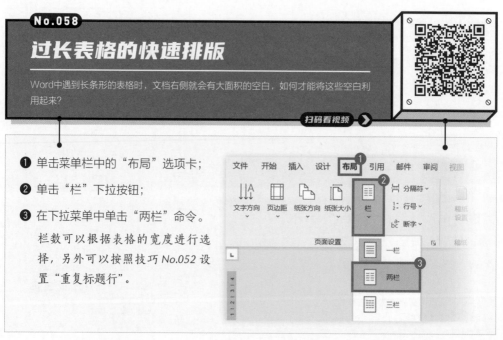

No.059

删除表格后的空白页

当表格占满一整页时，你会发现表格后会多出一页空白页，无论怎么按删除键和退格键都删除不掉，该怎么办呢？

扫码看视频

这种空白页一般是紧跟表格的段落标记造成的，它无法删除，只能隐藏：

❶ 选中这个段落标记；

❷ 按快捷键【Ctrl+D】打开字体格式设置对话框；

❸ 勾选"隐藏"复选框，单击"确定"按钮。

若空页未消失，可按快捷键【Ctrl+*】。

No.060

在表格中进行数据计算

通常计算表格中的数据都是在Excel中进行的，那么在Word表格中，如何实现数据的计算呢？

扫码看视频

这里以简单的四则运算作为演示：

❶ 将光标放置在结果单元格中；

❷ 单击"布局"-"公式"命令；

❸ 在"公式"框中输入"=sum(left)"，单击"确定"按钮后就可以完成数据计算。

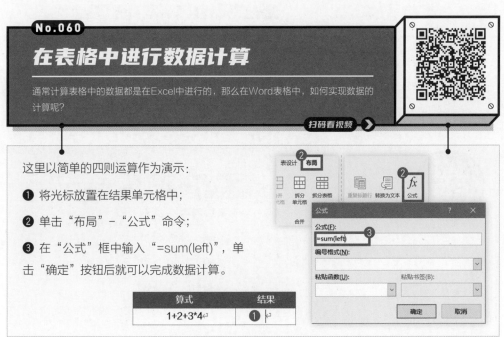

算式	结果
1+2+3*4	❶

No.061

对表格内容进行排序

通过排序可以让我们更为直观地看到数据的规律，在Word中也可以对表格内容进行排序。

扫码看视频 >

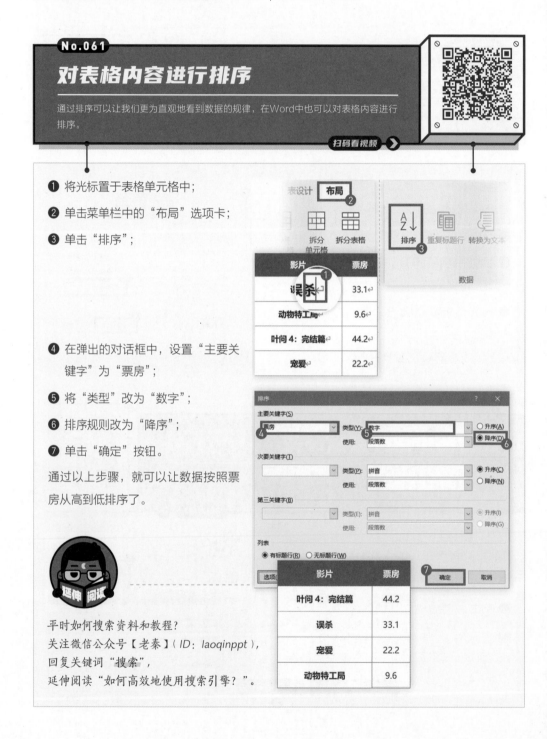

❶ 将光标置于表格单元格中；

❷ 单击菜单栏中的"布局"选项卡；

❸ 单击"排序"；

❹ 在弹出的对话框中，设置"主要关键字"为"票房"；

❺ 将"类型"改为"数字"；

❻ 排序规则改为"降序"；

❼ 单击"确定"按钮。

通过以上步骤，就可以让数据按照票房从高到低排序了。

平时如何搜索资料和教程？
关注微信公众号【老秦】（ID: laoqinppt），
回复关键词"搜索"，
延伸阅读"如何高效地使用搜索引擎？"。

No.062

用表格制作公文抬头

之前在技巧No.026中教大家使用双行合一完成公文抬头的制作，其实还有一种更为简单的方法可以实现，那就是使用表格。

扫码看视频

以"Office 学习班由 PPT 和 Excel 联合举办"为例：

❶ 单击"插入"-"表格"，在 Word 中插入一个 2 行 3 列的表格；

❷ 使用"布局"下的"合并单元格"功能，合并第 1 列和第 3 列的单元格；

❸ 单击"布局"选项卡；

❹ 单击"自动调整"下拉按钮；

❺ 单击"根据内容自动调整表格"；

❻ 分别在单元格中输入内容；

❼ 单击菜单栏中的"表设计"选项卡；

❽ 单击"边框"-"无框线"，隐藏表格边框。

通过以上操作就可以用表格制作公文中双行合一的抬头了。

福利！

Office 中的表格还有什么有趣的用法？
关注微信公众号【老秦】（*ID：laoqinppt*），
回复关键词"表格"，
获取"表格的 100 种玩法"。

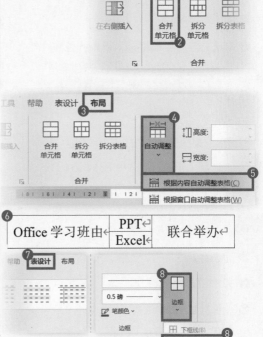

No.063

为文档创建目录

如何为文档创建目录？目录做好之后，如果文档的内容发生了变化，影响了标题内容和页码，是不是还需要手动修改目录和页码？

扫码看视频

创建可手动修改的目录：

❶ 单击菜单栏中的"引用"选项卡；

❷ 依次单击"目录"-"手动目录"。

通过以上操作就可以为文档插入一个待更改内容的目录框架。

如果目录个数不够，直接复制、粘贴即可。

自动创建文档目录：

❶ 将光标定位到需要插入目录的位置，然后单击菜单栏中的"引用"选项卡；

❷ 依次单击"目录"-"自动目录1"/"自动目录2"。

通过以上操作就可以自动为文档生成一个目录。注意：前提是已经按照类似技巧No.032的方法为文档应用了多级样式。

更新目录内容/页码：

❶ 单击菜单栏中的"引用"选项卡；

❷ 单击"更新目录"；

❸ 根据需要在弹出的对话框中单击"只更新页码"或"更新整个目录"单选按钮；

❹ 单击"确定"按钮。

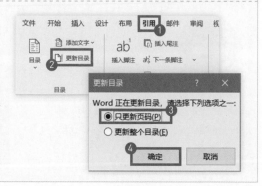

No.064

给每个章节创建目录

如果是非常长的文档，一般会要求在每个章节标题下生成本章节的小目录，这个时候应该怎么办呢？

扫码看视频 ➤

❶ 选中一个章节的所有内容，单击"插入"-"书签"命令，在弹出对话框的"书签名"文本框中"第一章目录"，单击"添加"按钮；

❷ 将光标定位到第一章节标题下方，按快捷键【Ctrl+F9】，输入一个域代码框，并在框中填写"TOC \b 第一章目录"；

❸ 将光标定位到代码中，按【F9】键。

这样就可以单独为各个章节制作出章节目录了。

No.065

为图片和表格创建目录

像论文、标书这样的长文档，里面插入了很多图片和表格，为了方便查找它们，往往会单独为它们创建目录，这样的目录该如何制作呢？

扫码看视频 ➤

将光标定位到需要插入目录的位置：

❶ 单击"引用"-"插入表目录"命令；

❷ 在弹出的对话框中修改"题注标签"为对应的"图片"或者"表格"；

❸ 单击"确定"按钮，就可以插入图片或者表格目录。

若显示"未找到图形项目表"，可参照技巧 No.074 和 No.075 为图、表编号。

No.066

为段落添加项目符号

文段中列举了多个要点，为了让它们看起来井然有序，可以为其添加项目符号，这在 Word中可以不用手动输入，轻而易举地做到。

扫码看视频

选中需要添加标记的段落：

❶ 单击菜单栏中的"开始"选项卡；

❷ 在"段落"功能组单击"项目符号"下拉按钮；

❸ 在下拉面板中单击选择合适的标记。

通过以上操作就可以为段落添加项目符号了。

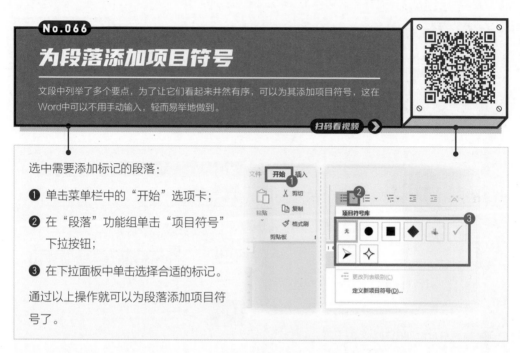

No.067

添加自定义的项目符号

软件中内置的项目符号可能无法满足我们个性化的需求，如果我们想要使用自定义的项目符号该怎么做呢？

扫码看视频

❶ 单击菜单栏中的"开始"选项卡；

❷ 在"段落"功能组中单击"项目符号"下拉按钮；

❸ 在下拉面板中单击"定义新项目符号"命令；

❹ 在弹出的对话框中可以选择"符号"或"图片"来作为项目符号。

通过以上操作就可以为段落添加自定义的项目符号了。

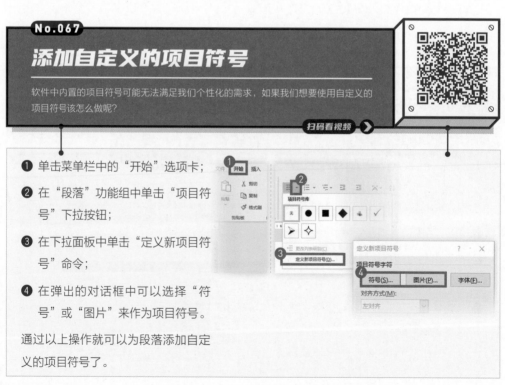

No.068

为段落添加数字编号

文段中列举了多个要点，为了让它们看起来井然有序，除了可以添加项目符号之外，还可以为它们添加数字编号。

扫码看视频 ➤

❶ 单击"开始"-"编号"下拉按钮；

❷ 在"编号库"中，选择需要的编号格式；

❸ 如果"编号库"中的编号无法满足需求，可以单击"定义新编号格式"进行自定义；

❹ 给段落添加编号后，如果在中间加入一行非编号段落，会出现从1开始重新编号的情况，此时右击发生断层的编号，单击"继续编号"命令即可继续编号。

No.069

设置从0开始的编号

在工作中可能会遇到很"奇葩"的需求，如明明编号都是从1开始的，突然要求从0开始，这可怎么办呢？

扫码看视频 ➤

❶ 右击编号，在快捷菜单中单击"设置编号值"命令；

❷ 在弹出的对话框中单击"值设置为"的向下微调按钮，将其值设置为0；

❸ 单击"确定"按钮。

通过以上操作就能设置从0开始的编号。

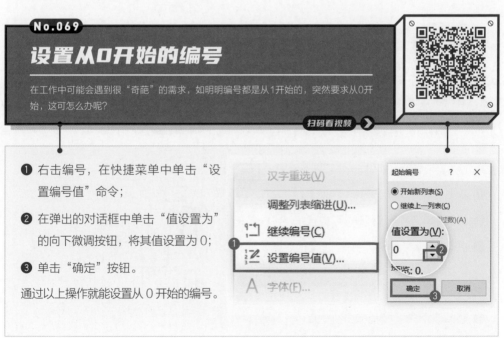

No.070

调整编号与文字的间距

有的时候给段落添加编号后，编号和文字之间的距离会非常大，如何才能调整编号和文本之间的距离呢？

扫码看视频 ➤

❶ 右击编号，单击"调整列表缩进"。

方法一：

❷ 在弹出的对话框中修改"文本缩进"的值。

　从 0.28 厘米开始才有效，低于 0.28 厘米均无法实现间距调节。

方法二：

❸ 将"编号之后"改为"空格"。

通过以上操作就能调整编号与文本之间的距离。

No.071

一键为各级标题添加/取消编号

为长文档的各级段落标题应用样式之后，还要对其进行一一编号。如何一键完成添加编号的设置，又如何一键取消编号？

扫码看视频 ➤

将光标置于任意应用了标题样式的段落中：

❶ 单击菜单栏中的"开始"选项卡；

❷ 找到并单击"多级列表"下拉按钮；

❸ 在"列表库"中选择带有"标题 1、标题 2、标题 3"后缀的列表，即可为各级标题一键添加编号；

❹ 选择全文，在"列表库"中选择"无"即可一键取消各级标题的编号。

No.072

为标题添加个性化编号

多级列表库中内置的编号毕竟太少，无法满足我们的个性化需求，比如章编号用"第一章"，节编号用"1.1"，小节编号用"1.1.1"，该怎么做呢？

扫码看视频

❶ 单击菜单栏中的"开始"选项卡；

❷ 找到并单击"多级列表"下拉按钮；

❸ 在展开的下拉面板中单击"定义新的多级列表"；

❹ 在弹出的对话框中，单击"更多"按钮展开完整的对话框；

❺ 级别选择"1"，并将"将级别链接到样式"改为"标题1"；

❻ 将"此级别的编号样式"改为"一，二，三(简)..."；

❼ 在"输入编号的格式"框中的"一"前后分别输入"第"和"章"；

❽ 切换级别到"2"，并将"将级别链接到样式"改为"标题2"；

❾ 勾选"正规形式编号"复选框。

其他级别按照第❽、❾步重复设置。

通过以上操作就可以设置个性化的多级编号。

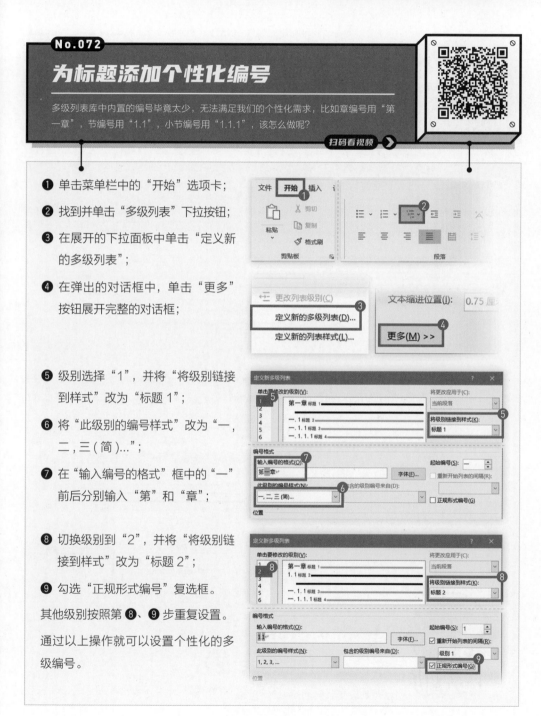

No.073

解决标题编号不连续的问题

刚写完第一章,该写第二章的第一节了,但它的编号不是2.1,而是接着1.3变成了2.4,这该怎么办?

扫码看视频

出现这种情况,一般是在定义新的多级列表时出现了错误,解决方案如下:

❶ 单击菜单栏中的"开始"选项卡;

❷ 找到并单击"多级列表"下拉按钮;

❸ 在下拉面板中单击"定义新的多级列表"命令;

❹ 在弹出的"定义新多级列表"对话框中,单击"更多"按钮展开完整的对话框;

❺ 切换级别到"2";

❻ 勾选"重新开始列表的间隔"复选框并单击下列列表框修改为"级别1"。

通过以上操作就能解决标题编号不连续的问题了。

关注微信公众号【老秦】(ID:laoqinppt),
回复关键词"简历",
即可获取1000份文字文档简历模板大合集,
各种风格与行业的简历模板"一网打尽",赶紧去下载吧!

在文档中选中图片后：

❶ 单击菜单栏中的"引用"选项卡；

❷ 在下方功能区中单击"插入题注"；

❸ 在弹出的"题注"对话框中修改标
　签为"图片"；

　如果标签中没有"图片"，可以通
　过单击"新建标签"按钮新建。

❹ 修改"位置"为"所选项目下方"；

❺ 单击"编号"按钮；

❻ 在弹出的"题注编号"对话框中勾
　选"包含章节号"复选框；

❼ 单击"确定"按钮；

❽ 回到"题注"对话框中，在"题注"
　文本框中输入图片名称；

❾ 单击"确定"按钮。

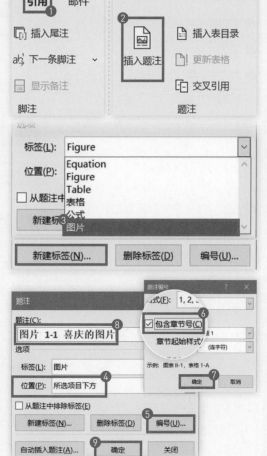

通过以上操作就能为图片添加编号了。

为表格添加编号的方法、步骤与此类似，只需在第❸步中修改标签为"表格"即可。另外
表格标题一般放置于表格上方。

No.075

让图片/表格自动添加编号

在论文中插入的表格或图片，都需要对其进行编号，一个一个手动编号实在太麻烦了，有没有方法可以让它插入的时候就自动编号？

扫码看视频

这里以表格为例：

❶ 单击菜单栏中的"引用"选项卡；

❷ 单击"插入题注"；

❸ 在"题注"对话框中单击"自动插入题注"按钮；

❹ 在弹出的"自动插入题注"对话框中勾选"Microsoft Word 表格"；

❺ "使用标签"选择为"表格"，"位置"选择"项目上方"；

❻ 单击"编号"按钮；

❼ 在"题注编号"对话框中勾选"包含章节号"复选框；

❽ 单击"确定"按钮。

完成以上设置后，按照技巧 No.040 ~ 041 插入表格即可自动编号。

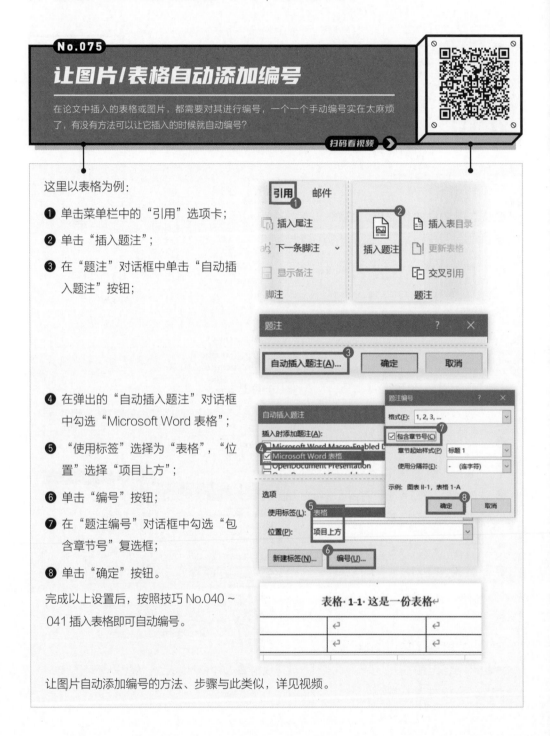

让图片自动添加编号的方法、步骤与此类似，详见视频。

No.076

为文档插入页眉/页脚

长文档一般会要求使用页眉来提示章节位置，如何才能为文档添加上页眉呢？在Word长文档中常使用页脚来放置时间、作者等相关信息，如何在文档中添加页脚？

扫码看视频

❶ 单击菜单栏中的"插入"选项卡；

❷ 找到并单击"页眉"或"页脚"下拉按钮，在展开的下拉面板中选择合适的类型进行插入即可。

内置的页眉／页脚类型有很多，一般来说，选择"空白"和"空白（三栏）"。

通过以上操作就可以快速给文档插入页眉或页脚。

No.077

为文档插入页码

页码相对页眉、页脚来说更为特殊，位置更为灵活多变，该如何才能为文档插入页码呢？

扫码看视频

❶ 单击菜单栏上的"插入"选项卡；

❷ 找到并单击"页码"下拉按钮；

❸ 选择页码出现的位置，然后选择合适的页码类型进行插入。

注意"位置"中"页边距"指页码出现在页面的左侧或右侧，"当前位置"指光标所在的位置。每一个位置上的页码类型都不一样，尤其是"页边距"中的页码类型，更为多样。

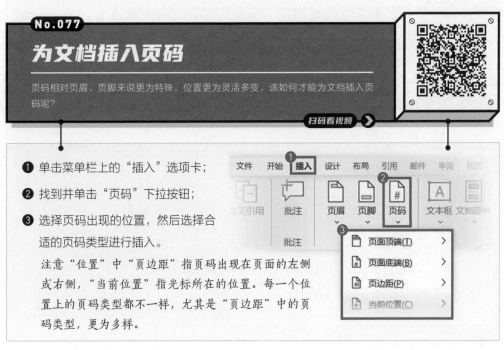

No.078

第1页不显示页眉、页脚

很多情况下文档会要求第一页不出现页眉和页脚，这个时候该怎么办呢？

扫码看视频

❶ 双击页面上页眉或页脚的位置，进入页眉和页脚编辑状态；

❷ 单击菜单栏中的"页眉和页脚"选项卡；

❸ 勾选"首页不同"复选框。

通过以上操作就能实现第一页不显示页眉和页脚。

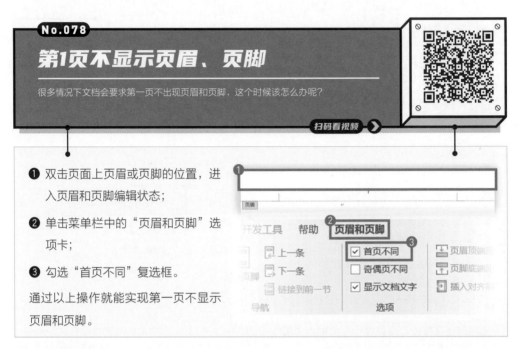

No.079

奇偶页显示不同的页眉、页脚

很多情况下文档会要求奇偶页显示不同的页眉和页脚，这个时候该怎么办呢？

扫码看视频

❶ 双击页面上页眉或页脚的位置，进入页眉和页脚编辑状态；

❷ 在菜单栏中单击"页眉和页脚"选项卡；

❸ 勾选"奇偶页不同"复选框；

　　已经添加页眉和页脚的文档在勾选后，偶数页或奇数页的页眉和页脚会消失不见。

❹ 按照技巧 No.076 为消失页眉和页脚的奇／偶数页重新设置页眉和页脚。

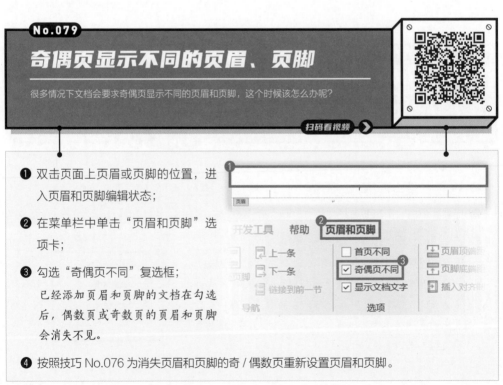

No.080

设置各章节不同的页眉

论文或者其他长文档中会要求每个章节的页眉自动显示为当前章节的标题，这个该怎么设置呢？

扫码看视频

以下操作需在文档应用好样式之后进行：

❶ 单击菜单栏中的"插入"选项卡；

❷ 找到并单击"页眉"下拉按钮；

❸ 在展开的面板中选择"空白"页眉；

❹ 将光标定位到页眉中；

❺ 单击菜单栏中的"页眉和页脚"选项卡；

❻ 单击"文档部件"-"域"；

❼ 在"域"对话框中更改类别为"链接和引用"；

❽ 域名选择为"StyleRef"；

❾ 样式名选择为"标题 1"；

❿ 单击"确定"按钮。

通过以上操作就可以为各个章节设置不同的页眉了。

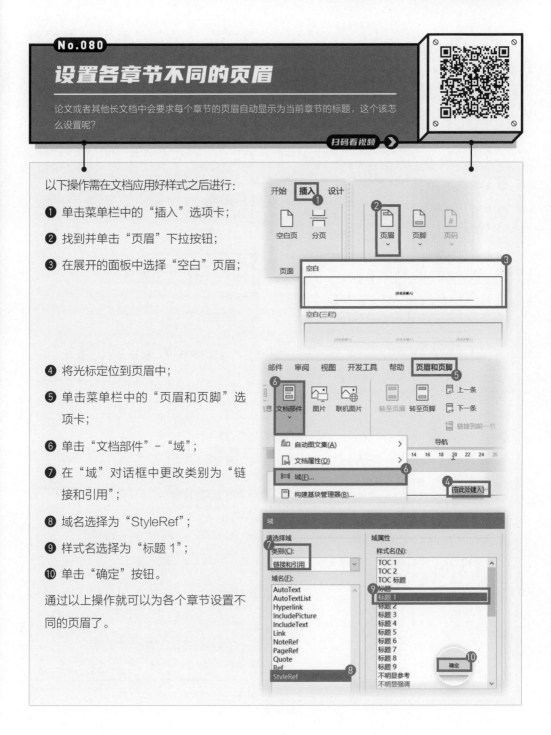

No.081

设置各部分不同的页码

论文要求封面标题页不出现页码，摘要到目录使用罗马数字页码，正文部分使用阿拉伯数字页码，这样的页码该怎么设置？

扫码看视频 >

❶ 单击菜单栏中的"布局"选项卡；

❷ 单击"分隔符"下拉按钮，选择"分节符"-"下一页"，分别在封面标题与摘要的分界处、目录和正文的分界处进行分节、分页处理；

❸ 分别在第 2 节、第 3 节的页脚处单击"页眉和页脚"-"链接到前一节"，取消 3 节之间的联系，让 3 个部分相互独立；

❹ 将光标放在第 2 节的页脚处，单击"页码"-"页面底端"-"普通数字 2"；

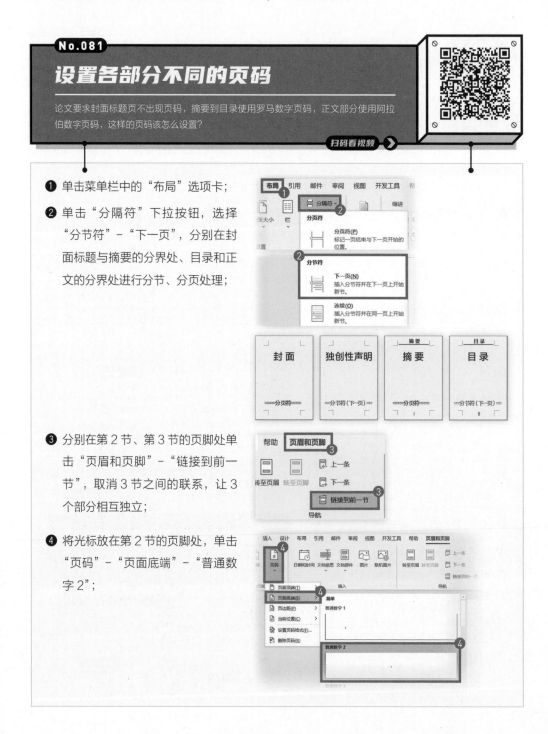

❺ 单击"页码"-"设置页码格式";

❻ 修改编号格式为大写罗马数字"I，
   II，III，…"，在"页码编号"处单
   击"起始页码"单选按钮，并设置
   为"I"，然后单击"确定"按钮；

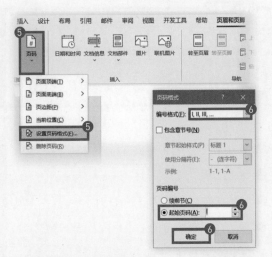

❼ 将光标放置在第3节（正文部分）
   的页脚，单击"页码"-"页面底
   端"-"普通数字2"；

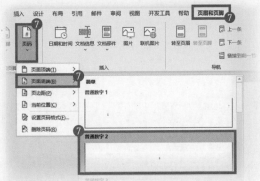

❽ 单击"页码"-"设置页码格式";

❾ 在"页码编号"处单击"起始页码"
   单选按钮，并设置为"1"。

通过以上操作就可以将论文的封面不
添加页码，摘要目录设置为罗马数字
页码，正文部分设置为阿拉伯数字页
码了。

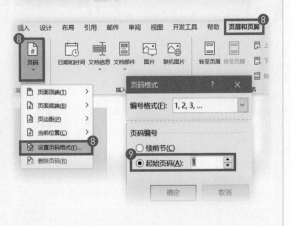

No.082

删除页眉处恼人的横线

插入页眉之后，总会在页眉处出现一条"莫名其妙"的横线，该如何让它消失呢？

扫码看视频

❶ 选中页眉的所有内容；

❷ 单击菜单栏中的"开始"选项卡；

❸ 找到并单击"边框"下拉按钮；

❹ 单击"无框线"命令。

通过以上操作就可以删除页眉横线了。

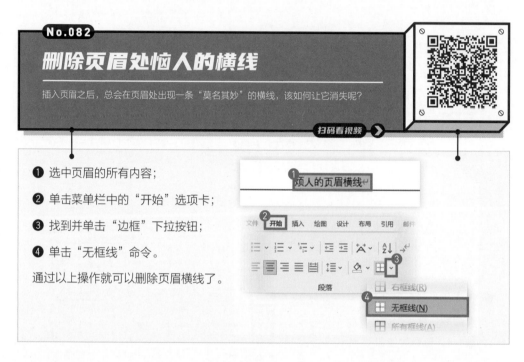

No.083

设置从第2页开始的页码

插入页码后，即使勾选了"首页不同"复选框，第1页不会显示页码了，但是第2页依然会从2开始计数，怎样才能设置第2页显示页码1呢？

扫码看视频

❶ 双击页码进入编辑模式；

❷ 单击"页码"下拉按钮；

❸ 单击"设置页码格式"；

❹ 将"起始页码"改为"0"；

❺ 单击"确定"按钮。

通过以上操作就可以设置从第2页开始的页码了。

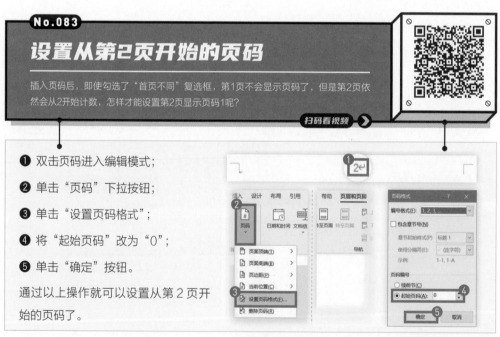

No.084

在一页添加两个连续页码

你有没有好奇过，试卷一面上会有两个页码，而我们在制作文档的时候却只能添加一个页码，那么该怎么实现这样的效果呢？

扫码看视频 ▶

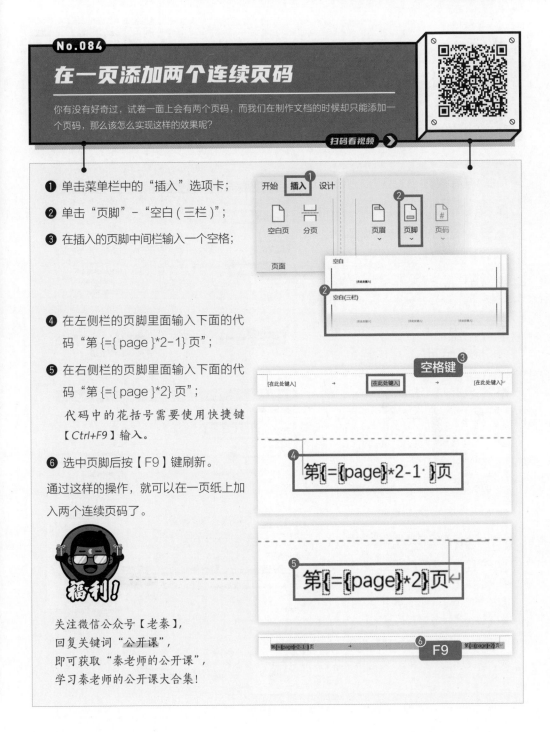

❶ 单击菜单栏中的"插入"选项卡；

❷ 单击"页脚"-"空白（三栏）"；

❸ 在插入的页脚中间栏输入一个空格；

❹ 在左侧栏的页脚里面输入下面的代码"第 {={ page }*2-1} 页"；

❺ 在右侧栏的页脚里面输入下面的代码"第 {={ page }*2} 页"；

代码中的花括号需要使用快捷键【Ctrl+F9】输入。

❻ 选中页脚后按【F9】键刷新。

通过这样的操作，就可以在一页纸上加入两个连续页码了。

福利！

关注微信公众号【老秦】，
回复关键词"公开课"，
即可获取"秦老师的公开课"，
学习秦老师的公开课大合集！

No.085

批量制作填空题下划线

用Word制作试卷的时候，有一类题型最让人头疼，那就是填空题，你知道如何才能快速地将填空题答案变成下划线吗？

扫码看视频

前提：所有答案都被设置为红色。

❶ 按快捷键【Ctrl+H】打开"查找和替换"对话框，单击"更多"打开完整的对话框；

❷ 将光标置于"查找内容"框中，单击"格式"-"字体"；

❸ 将"字体颜色"设置为红色，单击"确定"按钮；

❹ 将光标置于"替换为"框中，单击"格式"-"字体"；

❺ 将"字体颜色"设置为白色，"下划线线型"设置为单划线，"下划线颜色"设置为黑色，单击"确定"按钮；

❻ 单击"全部替换"按钮。

通过以上操作就能完成填空题的制作。

除了填空题，选择题也让人头疼，比如在制作英语试卷的时候，要求所有选项都必须独自占一行，并且A、B、C、D选项对齐。这些看似需要手动大量重复的操作，都可以用"查找和替换"来解决。详见本技巧视频。

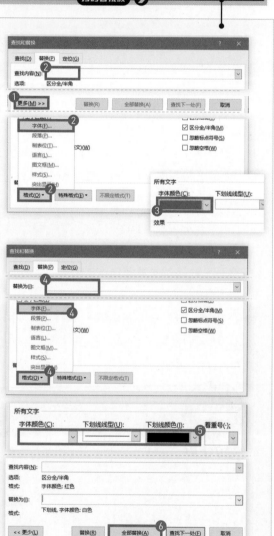

No.086
批量隐藏手机号中的部分数字

为了防止信息泄露，公司要求对员工的手机号码进行"打码"处理，中间4位数要变为*，公司几百号人，一个个修改要改到啥时候，有没有更便捷的方法？

扫码看视频 ▶

❶ 按快捷键【Ctrl+H】打开"查找和替换"对话框，在"查找内容"框中输入"([0-9]{3})([0-9]{4})([0-9]{4})"；

❷ 在"替换为"框中输入"\1****\3"；

❸ 单击"更多"并勾选"使用通配符"复选框；

❹ 单击"全部替换"按钮。

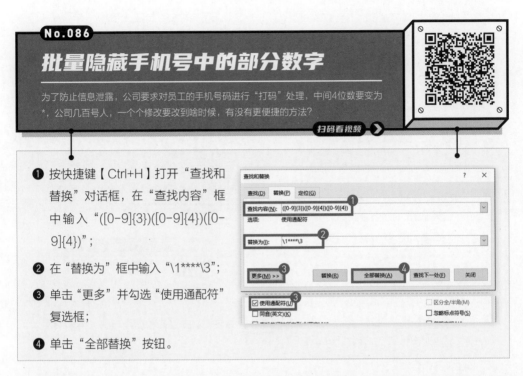

No.087
用邮件合并完成批量制作

公司要开重要的会议，要给与会领导制作桌签，还要用邮件发送活动邀请函，领导只给了一张包含姓名的Excel表，这么大的工作量，有没有方法快速完成？

扫码看视频 ▶

❶ 单击菜单栏中的"插入"选项卡；

❷ 单击"文本框"-"简单文本框"插入一个简单文本框；

❸ 按桌签尺寸的一半调整文本框大小；

❹ 在文本框中输入"姓名"二字,调整字体大小并调整到文本框正中间;

❺ 单击菜单栏中的"邮件"选项卡,单击"选择收件人"-"使用现有列表";

❻ 找到并打开名单表格文件,在弹出的"选择表格"对话框中选中"桌签"工作表,单击"确定"按钮;

❼ 选中文本框中的"姓名"二字,然后单击"插入合并域",选择"姓名";此时文本会变为"《姓名》"。

❽ 把文本框复制一份,旋转180°后放在原文本框上面;

❾ 单击"邮件"-"完成并合并"-"编辑单个文档";

❿ 单击"全部"单选按钮后单击"确定"按钮。

通过以上操作就可以完成桌签的制作。

与批量制作桌签类似,给合作伙伴批量发送活动邀请函,给员工批量制作和发放工资条,给员工证批量插入图片……这些批量操作都可以用邮件合并功能实现高效处理。详见本技巧视频。

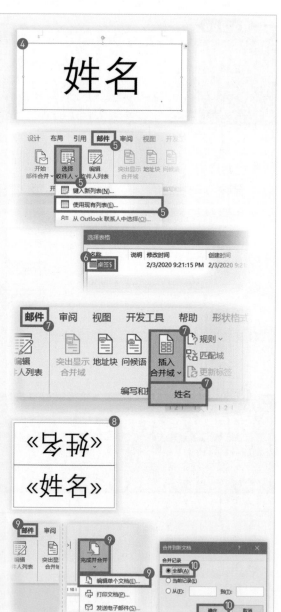

No.088

批量合并文档

遇到标书这种大型文档的写作时，最后合稿的人往往很痛苦，有没有什么方法可以不用复制、粘贴一键完成合并？

扫码看视频

❶ 单击菜单栏中的"插入"选项卡；

❷ 找到并单击"对象"下拉按钮；

❸ 在下拉列表中单击"文件中的文字"；

❹ 在弹出的对话框中找到并全选需要合并的文档，单击"插入"按钮；

❺ 如果在第❹步单击"插入"右侧的下拉按钮，单击"插入为链接"，待合并的文档发生修改，保存后，合并的总文档会自动更新。

通过以上操作就能快速完成文档合并。

福利！

关注微信公众号【老秦】(ID: laoqinppt)，
回复关键词"模板"，
即可获取超过 150 份毕业答辩演示模板！

63

No.089

批量拆分文档

如果想把一本书或者一篇论文按照章节拆分成单独的文档，你会怎么做？一章一章新建并复制、粘贴？其实在Word中有非常简易的方法。

扫码看视频

确保章标题都应用了"标题1"样式：

❶ 单击"视图"－"大纲"，切换到大纲视图，将光标放在第一章标题前，按快捷键【Ctrl+Shift+End】选中后面所有内容；

❷ 单击"大纲显示"－"显示文档"；

❸ 在展开的菜单中单击"创建"；

❹ 按快捷键【Ctrl+S】保存文件。

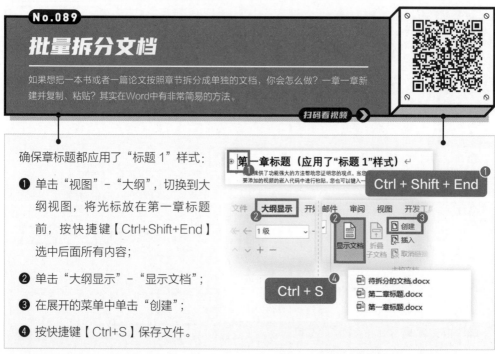

No.090

批量删除文档中的空行/空白

很多人在对段落进行分隔的时候，都会下意识地按【Enter】键来制造空行，这样的做法是不对的，正确的做法请参考技巧No.025，那么该如何删除多余的空行呢？

扫码看视频

❶ 按快捷键【Ctrl+H】打开"查找和替换"对话框；

❷ 在"查找内容"框中输入"^p^p"，在"替换为"框中输入"^p"，单击"全部替换"就能批量删除所有空行；

❸ 在"查找内容"框中输入"^w"，"替换为"框中不输入任何内容，单击"全部替换"就能批量删除所有空白。

"^p"指代的是段落标记，"^w"指代的是空白区域。

No.091

记录文档的修改痕迹

领导让你把文档发给他，有些内容他需要修改一下，如何才能记录下来领导到底做了哪些修改呢？

扫码看视频 ➤

❶ 单击菜单栏中的"审阅"选项卡；

❷ 找到并单击"修订"；

　　当"修订"按钮变成灰色后代表修订功能已开启。

❸ 修改"所有标记"为"无标记"。

通过以上操作就可以让软件默默地实时记录文档中所做的任何修改。

No.092

批量接受所有修订

文档在定稿之前，需要接受或者拒绝修订的内容，否则修订的标记会一直存在。除了手动一个一个接受或拒绝，有没有更快的方法来完成呢？

扫码看视频 ➤

❶ 单击菜单栏中的"审阅"选项卡；

❷ 在"更改"功能组中单击"接受"下拉按钮；

❸ 在下拉菜单中单击"接受所有修订"命令。

　　如果需要停止修订，可以单击"接受所有更改并停止修订"。

通过以上操作就能批量接受所有修订。

No.093

快速合并两个文件的修订

一份文档,你在修订前半截,另外一个同事在修订后半截,怎么样才能把这两份文档的修订内容快速合并起来呢?

扫码看视频

❶ 单击菜单栏中的"审阅"选项卡;

❷ 找到并单击"比较"下拉按钮;

❸ 在展开的下拉菜单中单击"合并";

❹ 在弹出的对话框中选择合并的两个文档;

❺ 单击"确定"按钮。

通过以上操作就可以快速合并两个文件的修订内容了。

No.094

批量删除所有批注

根据批注修改好了内容,但是批注还在页面中,非常影响阅读,难道只能一个一个地删除吗?

扫码看视频

❶ 单击菜单栏中的"审阅"选项卡;

❷ 在"批注"功能组中找到并单击"删除"下拉按钮;

❸ 在展开的下拉菜单中单击"删除文档中的所有批注"命令。

通过以上操作就能批量删除所有批注。

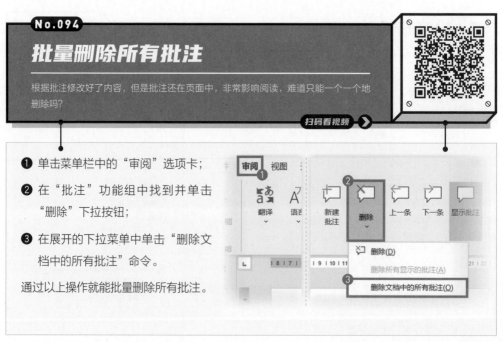

No.095

比对不同版本文档的差异

如果文档没有开启修订功能，如何才能比对两个版本文档的差异呢？

扫码看视频 ▶

❶ 单击菜单栏中的"审阅"选项卡；

❷ 找到并单击"比较"下拉按钮；

❸ 在展开的下拉菜单中单击"比较"；

❹ 在弹出的"比较文档"对话框中打开需要比较的两个文档；

❺ 单击"更多"按钮可以看到更细致的选项，根据实际需要进行设置；

❻ 单击"确定"按钮；

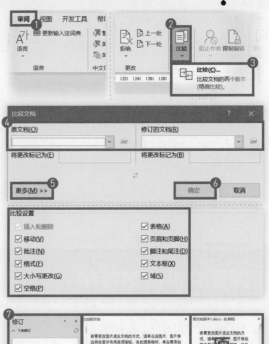

❼ 在弹出的新页面中可以看到比较的结果。

新文档的页面分为4个部分：最左侧是"修订"栏，显示总共有几处修订，是谁（会显示修订者姓名）在文中何处做了怎样的修订。

中间主体部分为"比较的文档"，结合了原文档和修订的部分。

最右侧上、下窗口分别是"原文档"和"修订文档"。

No.096
限制他人编辑文档

要使做好的文档别人只能看、不能修改，该怎样做呢？

扫码看视频

❶ 单击菜单栏中的"审阅"选项卡；

❷ 在"保护"功能组中单击"限制编辑"；

❸ 在右侧弹出的面板中勾选"仅允许在文档中进行此类型的编辑"复选框并修改为"不允许任何更改（只读）"；

❹ 单击"是，启动强制保护"按钮后设置密码。

通过以上操作就能限制他人编辑文档。

No.097
同页文件批量打印

每个附件占一页，公司要求分别将各附件打印10份，而Word默认的打印方式是按顺序打印然后重复，为了方便整理，该如何设置呢？

扫码看视频

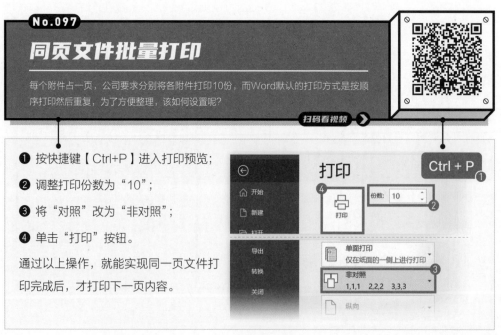

❶ 按快捷键【Ctrl+P】进入打印预览；

❷ 调整打印份数为"10"；

❸ 将"对照"改为"非对照"；

❹ 单击"打印"按钮。

通过以上操作，就能实现同一页文件打印完成后，才打印下一页内容。

No.098

打印文档选定的范围

领导要求你把一份文档中特定的某几段或者某些页内容打印出来，你要怎么做？

扫码看视频

如果要打印选定的段落内容：

❶ 按住【Ctrl】键批量选中需要打印的段落内容，按快捷键【Ctrl+P】进入打印预览；

❷ 将"打印所有页"改为"打印选定区域 - 仅所选内容"；

❸ 单击"打印"按钮，就能完成文档内特定内容的打印。

如果只想打印当前光标所在页面：

❹ 将"打印所有页"改为"打印当前页面 - 仅当前页"，再单击"打印"按钮，即可完成光标所在页面的打印。

如果需要把一份文档中特定的几页内容打印出来：

❺ 将"打印所有页"更改为"自定义打印范围"；

❻ 在"页数"框中输入页数范围，单击"打印"按钮即可完成自定义页打印。

如"1-8，15"就是打印 1 到 8 页和15页，"p1s1-p3s4"就是打印第 1 节第 1 页到第 4 节第 3 页。

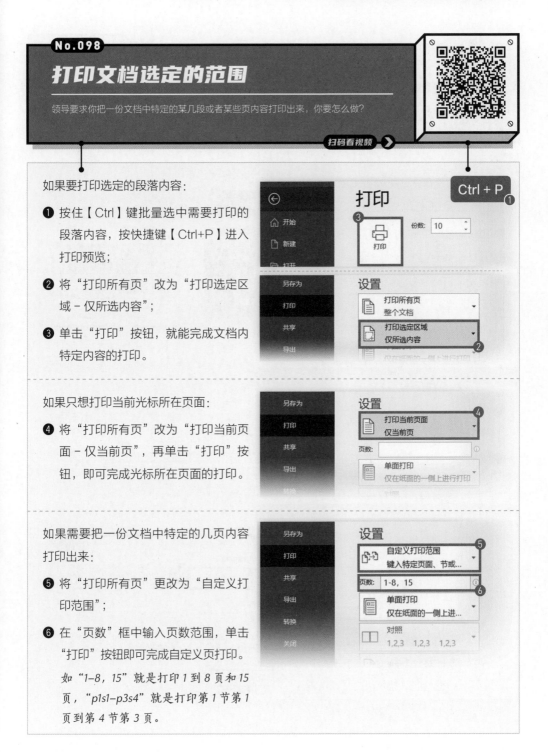

No.099

文档的双面/逆序/缩减打印

打印文档时如何设置双面打印，提升纸张使用率？如何把打印顺序进行调整，从最后一页开始打印？文档最后一页只有一两行字，如何缩减 页减少纸张浪费？

扫码看视频 ➡

双面打印的设置方法（前提：确保使用的打印机支持双面打印）。

❶ 按快捷键【Ctrl+P】进入打印预览。

❷ 将"单面打印"改为"双面打印"，再单击"打印"按钮，即可完成文档的双面打印。

部分打印机支持自动双面打印，如果不支持请选择"手动双面打印"。

逆序打印的设置方法。

❶ 单击"文件"-"选项"命令，在弹出的对话框中单击"高级"。

❷ 勾选"打印"组的"逆序打印页面"复选框，然后再去执行打印操作，就可以实现逆序打印了。

打印时缩减一页的设置方法。

方法一：在 Word 窗口上方找到"搜索"框，在框内输入"缩减一页"，单击"缩减一页"命令。

方法二：将光标放置在文档最后一段，单击"段落"功能组右下角的扩展按钮，勾选"换行和分页"中的"孤行控制"复选框。

通过以上设置就能在打印时缩减一页了。

第 **2** 篇

Excel

办公应用

No.100

正确录入身份证号

录入身份证号或银行卡号时是不是会奇怪，好好的身份证号怎么变成了乱码？身份证号的最后几位怎么变成了"0"？那是因为你录入不正确！

扫码看视频

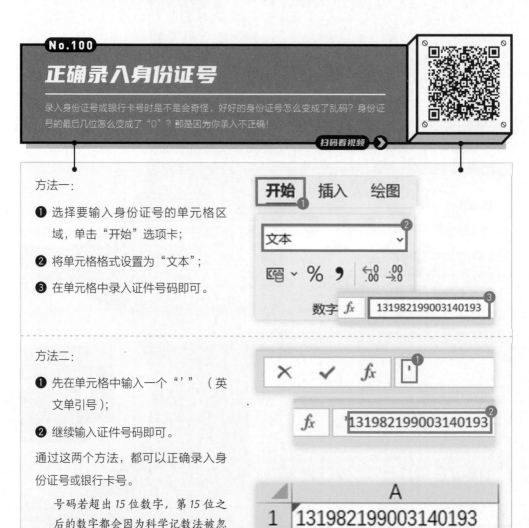

方法一：

❶ 选择要输入身份证号的单元格区域，单击"开始"选项卡；

❷ 将单元格格式设置为"文本"；

❸ 在单元格中录入证件号码即可。

方法二：

❶ 先在单元格中输入一个"'"（英文单引号）；

❷ 继续输入证件号码即可。

通过这两个方法，都可以正确录入身份证号或银行卡号。

号码若超出 15 位数字，第 15 位之后的数字都会因为科学记数法被忽略掉。若想要数字完整录入，只能以文本的形式录入。

去哪里学习更多图表的知识？
关注微信公众号【老秦】（ID：laoqinppt），
回复关键词"图表"，即可获取"图表学习资源"，
各种图表相关的插件、网站、图书……应有尽有！

No.101

录入规范的日期/时间

Excel只认规范的日期和时间，如果日期和时间格式不规范，则不被识别。规范的日期和时间"长啥样"？又该如何正确录入？

扫码看视频

规范日期或时间在单元格中的显示，因为单元格格式的不同而不同。但是规范日期或时间在编辑栏中的格式完全统一。

规范日期在编辑栏中的格式为 yyyy/m/d，例如 2020/1/20。

2020/1/20

规范时间在编辑栏中的格式为 hh:mm:ss，例如 23:59:00。

"y""m""d""h""m""s"分别代表年、月、日、时、分、秒。

23:59:00

仅凭编辑栏中的显示格式不能完全确定是否为规范的日期或时间，但如果这种格式的日期或时间能进行统计运算，就表示是规范的日期或时间。

如何录入规范的日期或时间？

Excel 中常用的可识别的日期输入方式有 3 种：

yyyy/m/d（以"/"连接）；

yyyy-m-d（以"-"连接）；

yyyy 年 m 月 d 日（以"年""月""日"连接）。

可识别的时间输入方式有两种：

23:59（以":"连接）；

23 时 59 分（以"时""分""秒"连接）。

日期写法	能否识别
2020/01/20	√
2020-1-20	√
2020年1月20日	√
2020年1月20号	×
2020.1.20	×

时间写法	能否识别
23:59	√
23时59分	√
23点59分	×

如何快速录入当前日期和时间？

方法一：按快捷键【Ctrl+；】即可快速录入当天日期，按快捷键【Ctrl+Shift+；】即可快速录入当前时间。

方法二：使用任意输入法，在单元格中输入"日期"，输入法会出现当天日期；时间同理。

方法三：使用 TODAY 和 NOW 函数可以自动获取系统当前日期和时间。

No.102

多个区域录入相同数据

在多个区域重复录入相同的数据，一个个手动输入也太慢了吧？！
有没有快速的方法一次搞定？

扫码看视频 ▶

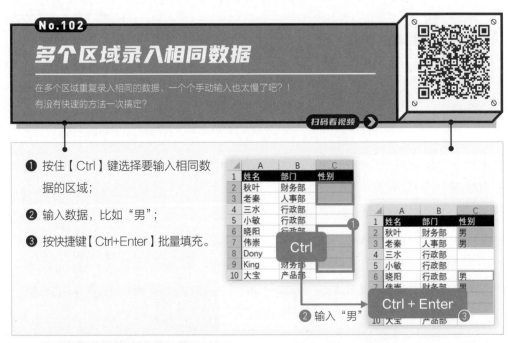

❶ 按住【Ctrl】键选择要输入相同数
据的区域；

❷ 输入数据，比如"男"；

❸ 按快捷键【Ctrl+Enter】批量填充。

No.103

添加自定义序列

想让职位按照高低排序，有没有办法可以自定义序列？

扫码看视频 ▶

❶ 单击"文件"-"选项"打开"Excel
选项"对话框，单击"高级"选项卡；

❷ 单击"常规"组的"编辑自定义列
表"按钮；

❸ 在"输入序列"文本框中输入序列；

❹ 单击"添加"按钮。

若单元格中有现成的职位信息，也可以
直接从单元格中导入序列。

No.104

快速填充连续序号

在Excel表格中，1、2、3、4、5……这样的连续序号你是不是一个个输入的？尤其当需要批量生成100、1000、10000个连续序号时，如何才能快速录入完成？

扫码看视频

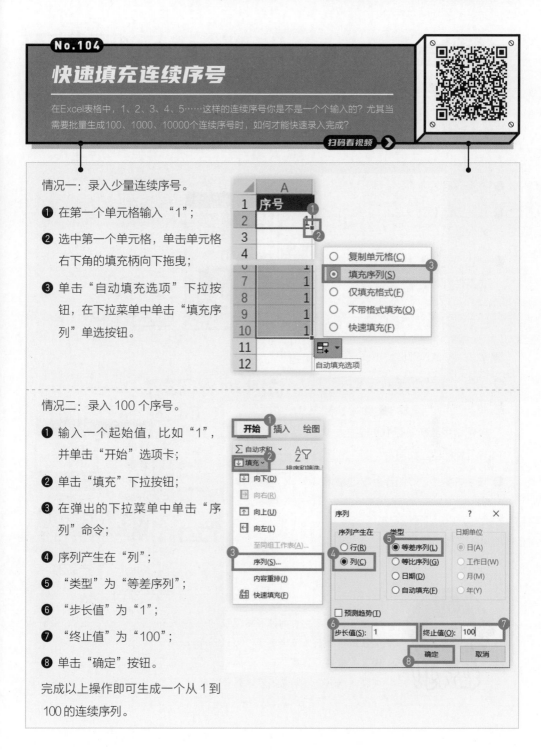

情况一：录入少量连续序号。

❶ 在第一个单元格输入"1"；

❷ 选中第一个单元格，单击单元格右下角的填充柄向下拖曳；

❸ 单击"自动填充选项"下拉按钮，在下拉菜单中单击"填充序列"单选按钮。

情况二：录入 100 个序号。

❶ 输入一个起始值，比如"1"，并单击"开始"选项卡；

❷ 单击"填充"下拉按钮；

❸ 在弹出的下拉菜单中单击"序列"命令；

❹ 序列产生在"列"；

❺ "类型"为"等差序列"；

❻ "步长值"为"1"；

❼ "终止值"为"100"；

❽ 单击"确定"按钮。

完成以上操作即可生成一个从 1 到 100 的连续序列。

No.105

批量向下填补空单元格

没少吃合并单元格的亏吧？合并单元格里只有第一个单元格有值，导致统计数据时易出错。怎么才能快速将其他空单元格填上相同的内容？

扫码看视频

❶ 选择数据区域；

❷ 按快捷键【Ctrl+G】打开"定位"对话框；

❸ 单击"定位条件"按钮，打开"定位条件"对话框；

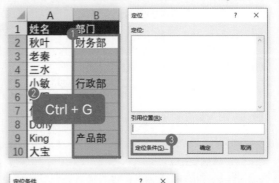

❹ 单击"空值"单选按钮；

❺ 单击"确定"按钮；

❻ 输入"="后选择上一个单元格，表示引用当前活动单元格的上一个单元格的值，如图中"B2"；

❼ 按快捷键【Ctrl+Enter】批量填入公式。

提醒：如不需单元格内容自动更新，需要将公式复制、粘贴为值。

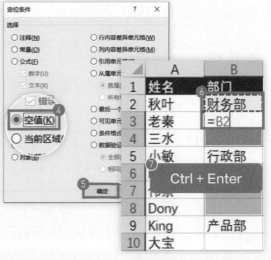

哪里有优质又免费的课程资源？
关注微信公众号【老秦】（ID：laoqinppt），
回复关键词"优质"，
即可获取100门免费优质课程资源包！

No.106
限定输入11位手机号

录入员工信息，等到要拨打手机号的时候才发现，号码位数不对，这个怎么少了一位、那个怎么多了一位？如何才能避免无效号码的录入？

扫码看视频

❶ 选择需录入手机号的单元格区域。

❷ 在菜单栏中单击"数据"选项卡。

❸ 单击"数据验证"按钮。

❹ 在"数据验证"对话框中按如下设置。
- "允许"为"文本长度"。
- "数据"为"等于"。
- "长度"为"11"。

❺ 单击"确定"按钮。

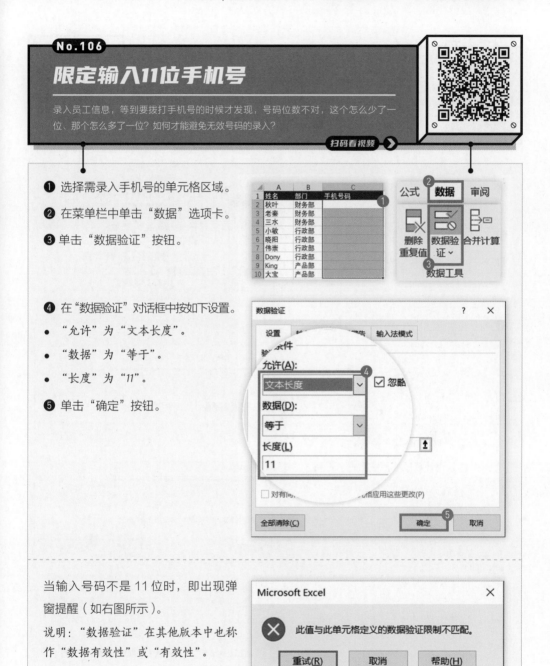

当输入号码不是 11 位时，即出现弹窗提醒（如右图所示）。

说明："数据验证"在其他版本中也称作"数据有效性"或"有效性"。

No.107

防止输入重复数据

录入数据时很容易输错，如不小心工号写重复了，不小心名字重复录入了……
能不能在输入数据时自动出现数据重复提醒？

扫码看视频

❶ 选择需录入姓名的单元格区域，如
  A 列。

❷ 在菜单栏中单击"数据"选项卡。

❸ 单击"数据验证"按钮。

❹ 在"数据验证"对话框中按如下设置。

● "允许"为"自定义"。

● "公式"一栏输入"=COUNTIF
  (A:A,A1)<2"。

函数公式说明：

1. 使用 COUNTIF 函数作条件计数；

2. 第1参数为计数区域，这里是 A:A 列；

3. 第2参数为计数条件，这里是 A1 单
   元格；

4. 条件计数结果满足"<2"则区域中数
   据不重复。

❺ 单击"确定"按钮。

一旦出现重复数据录入，即出现弹窗提
醒（如右图所示）。

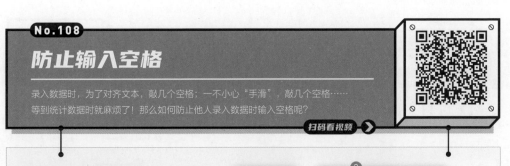

No.108

防止输入空格

录入数据时，为了对齐文本，敲几个空格；一不小心"手滑"，敲几个空格……
等到统计数据时就麻烦了！那么如何防止他人录入数据时输入空格呢？

扫码看视频

❶ 选择单元格区域；

❷ 在菜单栏中单击"数据"选项卡；

❸ 单击"数据验证"按钮，打开"数据验证"对话框；

❹ 在"验证条件"组中，"允许"选择"自定义"之后，在"公式"文本框中输入公式；

不同位置空格的限制可用不同公式。

❺ 单击"确定"按钮。

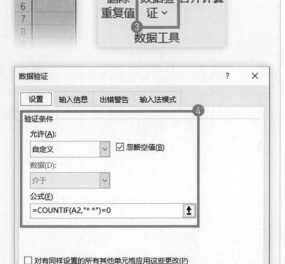

接下来看看不同限制情况下的公式写法。

情况一：任意位置不能出现空格。

公式为"=COUNTIF(A2,"* *")=0"。

情况二：开头不能出现空格。

公式为"=COUNTIF(A2," *")=0"。

情况三：结尾不能出现空格。

公式为" =COUNTIF(A2,"* ")=0 "。

通配符说明如下。

*：代表任意个任意字符；

?：代表任意一个字符。

使用通配符来做模糊条件计数，可以自由限制空格的位置。

No.109
设置下拉列表

不同人在写同一个部门名称时总有五花八门的写法，到做汇总统计时就会增加工作量。如果能设置一个下拉列表直接选择，就能避免录入的麻烦和错误了！

扫码看视频

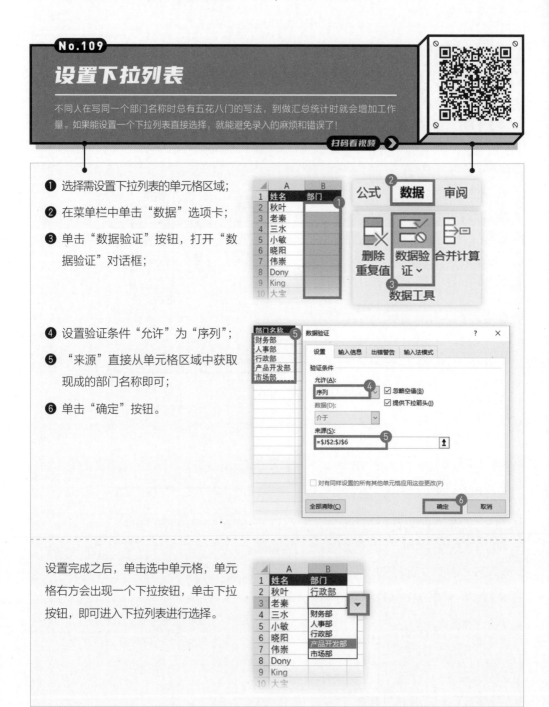

❶ 选择需设置下拉列表的单元格区域；

❷ 在菜单栏中单击"数据"选项卡；

❸ 单击"数据验证"按钮，打开"数据验证"对话框；

❹ 设置验证条件"允许"为"序列"；

❺ "来源"直接从单元格区域中获取现成的部门名称即可；

❻ 单击"确定"按钮。

设置完成之后，单击选中单元格，单元格右方会出现一个下拉按钮，单击下拉按钮，即可进入下拉列表进行选择。

No.110

设置二级下拉列表

当有多级项目名称需要录入时，比如录入一级名称"部门"，如何设置联动的二级名称"职务"的下拉列表？

扫码看视频 ➤

财务部	人事部	行政部
会计	主管	行政经理
出纳	招聘专员	档案管理员
稽核	薪酬福利专员	
	培训专员	

准备好多级项目名称参数表（如右图）。

一级名称"部门"下面对应的是其二级名称"职务"。

❶ 选择需设置一级下拉列表的单元格区域"部门"列；

❷ 在菜单栏中单击"数据"选项卡，单击"数据验证"按钮，打开"数据验证"对话框；

❸ 在"验证条件"组中，在"允许"下拉列表中选择"序列"，"来源"选择参数表中的部门名称单元格区域，并单击"确定"按钮；

这样一级列表就设置好了。

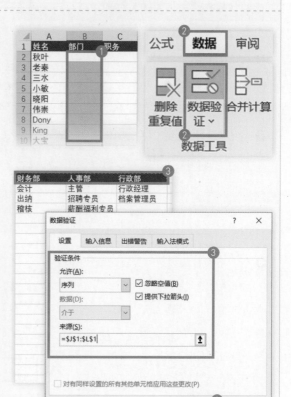

❹ 按快捷键【Ctrl+A】全选名称参数表后，再按快捷键【Ctrl+G】打开"定位"对话框，单击"定位条件"按钮；

❺ 单击"常量"单选按钮，确定选择有数据的单元格；

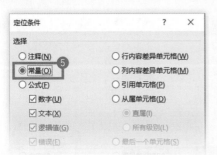

❻ 在"公式"选项卡下方功能区中单击"根据所选内容创建"按钮；

❼ 勾选"首行"复选框后，再单击"确定"按钮；

❽ 选择需设置二级下拉列表的单元格区域"职务"列，进入"数据验证"对话框；

❾ 在"序列"的"来源"中输入公式"=INDIRECT(B2)"，单击"确定"按钮。

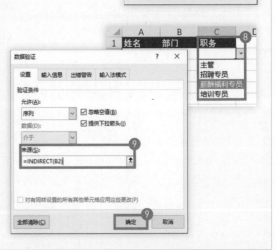

No.111

输入负数自动显示为红色

有时输入数据，为了区分正v负数，需要人工去标记字体颜色。
如何输入负数自动显示为红色呢？

扫码看视频 ➤

❶ 选择需输入数据的区域；

❷ 在"开始"选项卡下方功能区中单击"数字"功能组右下角扩展按钮，打开"设置单元格格式"对话框；

❸ 单击"数字"选项卡，在"分类"列表框中选择"数值"；

❹ 在"负数"列表框中选择红色字体格式；

❺ 单击"确定"按钮。

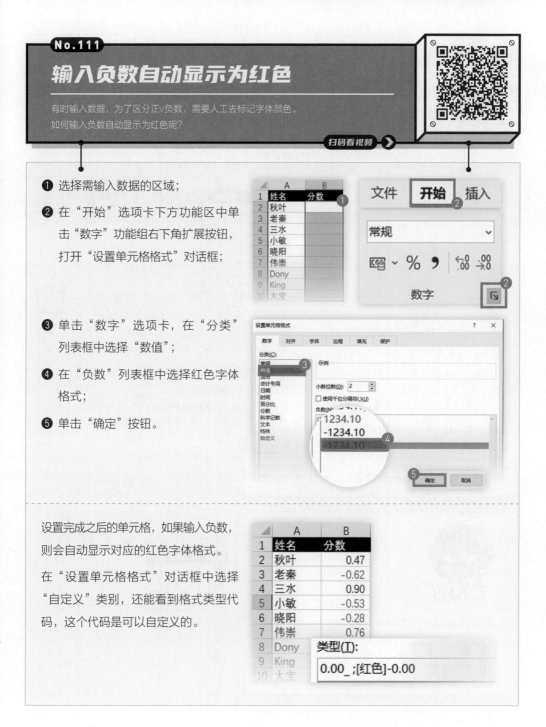

设置完成之后的单元格，如果输入负数，则会自动显示对应的红色字体格式。

在"设置单元格格式"对话框中选择"自定义"类别，还能看到格式类型代码，这个代码是可以自定义的。

	A	B
1	姓名	分数
2	秋叶	0.47
3	老秦	-0.62
4	三水	0.90
5	小敏	-0.53
6	晓阳	-0.28
7	伟崇	0.76
8	Dony	
9	King	
10	大宝	

类型(T):

0.00_ ;[红色]-0.00

No.112

快速添加文本单位

如果对每个录入的数据都手动添加单位的话，不仅效率非常低，而且不便于后期做统计汇总。如何能快速添加文本单位，还不影响数据统计呢？

扫码看视频 >

❶ 选择需输入数据的区域；

❷ 在"开始"选项卡下方功能区中单击"数字"功能组右下角扩展按钮，打开"设置单元格格式"对话框；

❸ 在"数字"选项卡下选择"自定义"；

❹ 在"类型"文本框中的已有代码后添加"课时"；

注意：用一对英文引号把单位引起来。

❺ 单击"确定"按钮。

通过以上操作，在设置完成的单元格中输入数字，就会自动出现单位。

福利！

关注微信公众号【老秦】，
回复关键词"素材"，
即可获取"素材网站大合集"，
模板、图片、字体、图标……应有尽有！

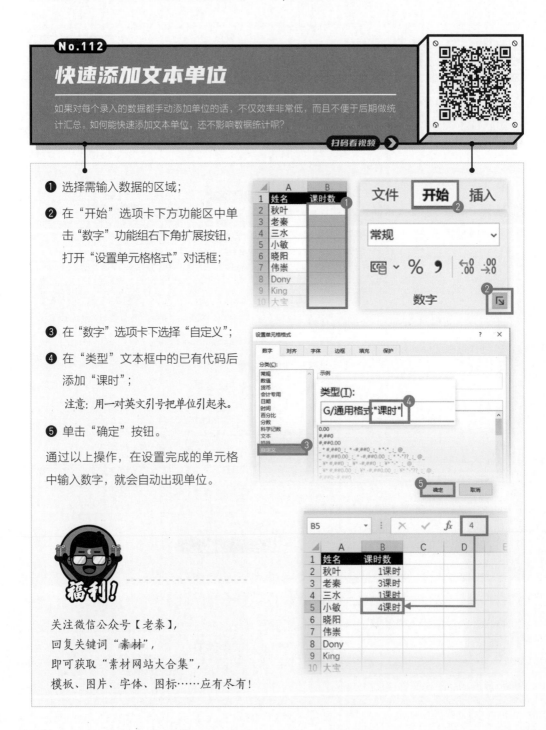

No.113

以万为单位显示数据

用Excel统计数据，当数据的位数比较多时，数据大小对比不明显，我们可以让数据以万为单位来显示。

扫码看视频

❶ 选择数据区域，按快捷键【Ctrl+1】打开"设置单元格格式"对话框；

❷ 将"数字"–"自定义"格式类型设置为"0!.0,"。
自定义单元格格式具体操作详见技巧 No.112。

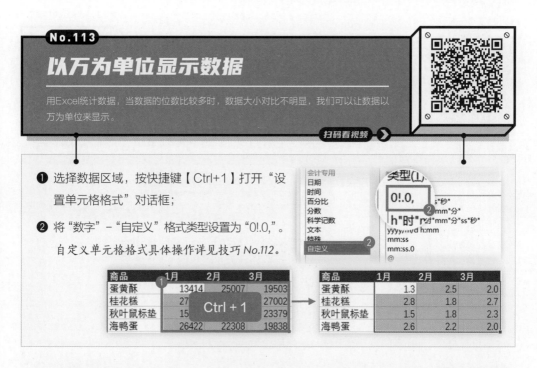

No.114

快速将姓名两端对齐

为了表格美观，需要将数据两端对齐。如何能快速将数据两端对齐呢？

扫码看视频

❶ 选择数据区域，按快捷键【Ctrl+1】打开"设置单元格格式"对话框；

❷ "对齐"–"水平对齐"选择"分散对齐(缩进)"。

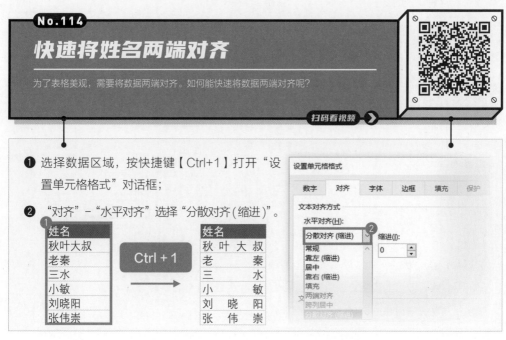

No.115
在单元格内换行

在Excel单元格内换行，按【Enter】键可没有用！当然也不是狂敲空格！那么如何在单元格内换行呢？

扫码看视频

单元格内自动换行：

在"开始"-"对齐方式"中单击"自动换行"按钮。

自动换行可以根据单元格内容自动适应行高。

单元格内强制换行：

在需换行处，按快捷键【Alt+Enter】即可强制换行，后面的内容会另起一行。

No.116
行高、列宽自动适应内容

单元格太高太矮、太宽太窄，一个个去调整行高、列宽太慢！如何能快速调整行高、列宽以自动适应单元格内容呢？

扫码看视频

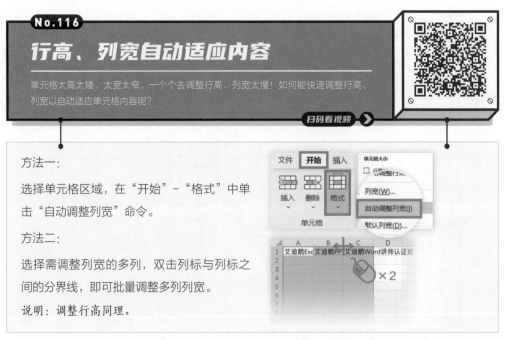

方法一：

选择单元格区域，在"开始"-"格式"中单击"自动调整列宽"命令。

方法二：

选择需调整列宽的多列，双击列标与列标之间的分界线，即可批量调整多列列宽。

说明：调整行高同理。

No.117

特殊数据自动标红

统计完数据需要分析数据情况，如果能将一些特殊数据自动标记颜色，就能快速识别出这些特殊数据。那么如何批量将特殊数据自动标记红色？

扫码看视频

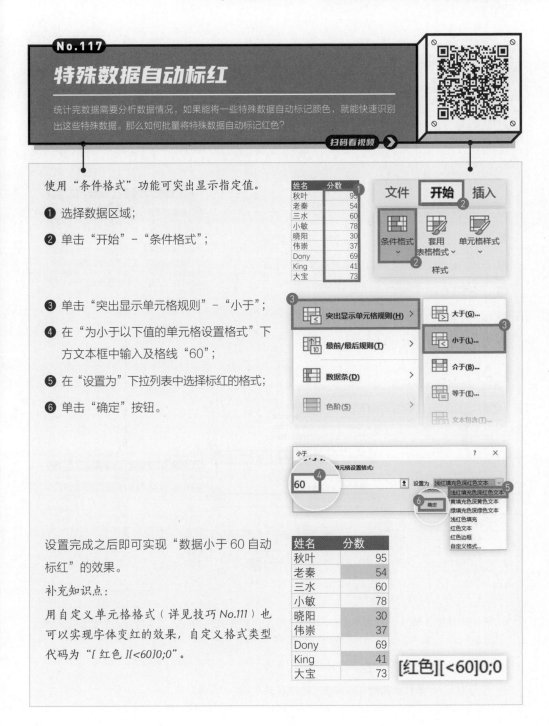

使用"条件格式"功能可突出显示指定值。

❶ 选择数据区域；

❷ 单击"开始"-"条件格式"；

❸ 单击"突出显示单元格规则"-"小于"；

❹ 在"为小于以下值的单元格设置格式"下方文本框中输入及格线"60"；

❺ 在"设置为"下拉列表中选择标红的格式；

❻ 单击"确定"按钮。

设置完成之后即可实现"数据小于60自动标红"的效果。

补充知识点：

用自定义单元格格式（详见技巧No.111）也可以实现字体变红的效果，自定义格式类型代码为"[红色][<60]0;0"。

[红色][<60]0;0

No.118

到期数据整行变色

当数据列很多的时候，如果只有一个日期单元格到期提醒可能看起来不是很直观。那么如何做到让到期的数据整行变色?

扫码看视频

要求：合同 30 天内到期数据整行变色。

❶ 选择数据区域 A2:D10;

❷ 在"开始"-"条件格式"中选择"新建规则";

❸ 选择"使用公式确定要设置格式的单元格"类型;

❹ 编辑规则公式：=$D2-TODAY()<30;

❺ 单击"格式"进入格式设置，设置一个填充色;

❻ 单击"确定"按钮完成设置。

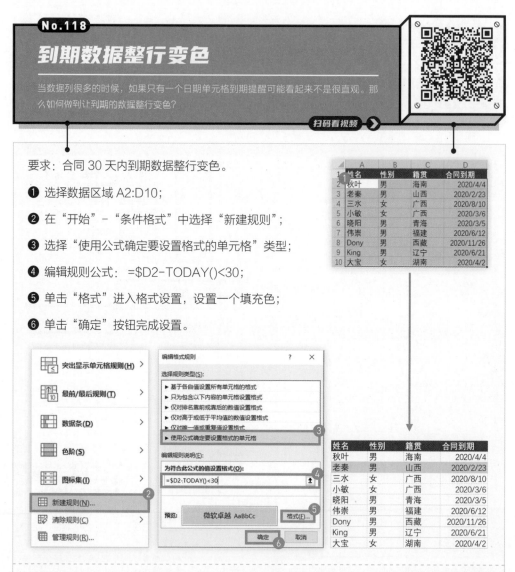

注意点：

1. 所选择数据区域当前活动单元格为 A2，所以编辑格式规则公式是基于 A2 单元格进行编写的;

2. 公式中 $D2 单元格的引用"锁列不锁行";

3. 使用 TODAY 函数来获取当天日期（图中当天日期为 2020/1/27）。

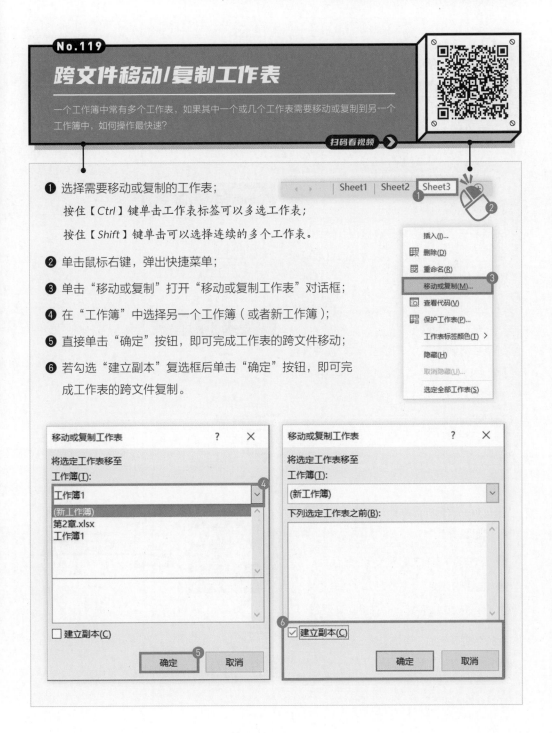

No.119

跨文件移动/复制工作表

一个工作簿中常有多个工作表，如果其中一个或几个工作表需要移动或复制到另一个工作簿中，如何操作最快速？

扫码看视频

❶ 选择需要移动或复制的工作表；

　按住【Ctrl】键单击工作表标签可以多选工作表；

　按住【Shift】键单击可以选择连续的多个工作表。

❷ 单击鼠标右键，弹出快捷菜单；

❸ 单击"移动或复制"打开"移动或复制工作表"对话框；

❹ 在"工作簿"中选择另一个工作簿（或者新工作簿）；

❺ 直接单击"确定"按钮，即可完成工作表的跨文件移动；

❻ 若勾选"建立副本"复选框后单击"确定"按钮，即可完成工作表的跨文件复制。

No.120

快速复制/清除表格格式

多个不连续区域需要相同的格式，如何能快速复制？
当Excel表格中的格式多余需要清除时，如何能批量清除？

扫码看视频 >

在 Excel 表格中复制格式有两种方法。

方法一（格式刷）：

选择要复制格式的单元格区域，单击"开始"中的"格式刷"按钮，再选择要粘贴格式的单元格区域即可。

方法二（选择性粘贴）：

选择要复制格式的单元格区域，按快捷键【Ctrl+C】复制，再选择要粘贴格式的单元格区域，然后单击"开始"-"粘贴"-"格式"即可。

在 Excel 表格中清除格式也很简单，只需进行如下操作：

❶ 选择需清除格式的单元格区域；

❷ 单击"开始"-"清除"-"清除格式"。

补充知识点：如何清除智能表格样式？

选择智能表格后，单击"表设计"-"其他表格样式"-"清除"。

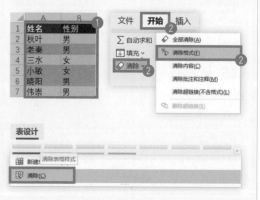

No.121

折叠隐藏超宽表格

表格太宽不方便查看信息。那么能不能把同类别的数据折叠在一起，想看的时候打开，不想看的时候折叠起来？

扫码看视频 〉

① 选择要折叠的多列单元格区域，如 A:C。

② 在"数据"–"分级显示"中单击"组合"。

在列标上方会看到出现两个层级，以及一个折叠按钮 –。

③ 单击折叠按钮即可将对应列折叠。

折叠之后按钮变成 +，再单击即可展开。

No.122

固定表头不动

在Excel中滚动鼠标上下查看数据时，表头会往上跑，这样非常不便于查看数据。如何能固定住表头，让表头保持在可见范围内？

扫码看视频 〉

① 选择不需要固定的第一个单元格（非冻结区域左上角单元格）；

② 单击"视图"–"冻结窗格"，在下拉菜单中单击"冻结窗格"。

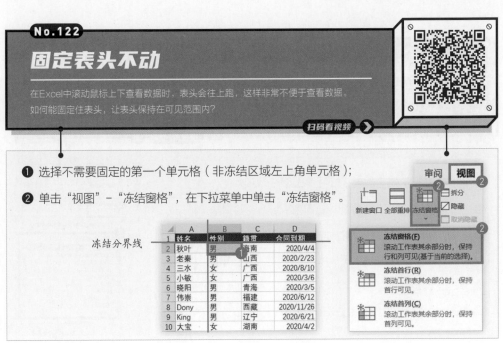

冻结分界线

No.123

快速移动至指定位置

Excel表格很大，较新版本的有1048576（行）×16384（列）个单元格。想要编辑某个单元格首先必须选择这个单元格，那么在这么多单元格中如何快速移动到指定位置？

扫码看视频

移动至指定名称单元格：

在名称框中输入单元格名称（列标＋行号），按【Enter】键，即可快速跳转至该单元格。

移动至区域边缘单元格：

按快捷键【Ctrl+方向键（↓、→、↑、←）】可分别快速移动至连续数据区域的下、右、上、左边缘。

如果要求选择至边缘，则按快捷键【Ctrl+Shift+方向键（↓、→、↑、←）】。

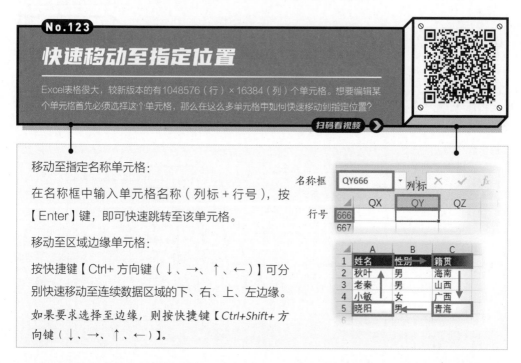

No.124

保护工作表不被修改

文件协作时，文件中的某几个工作表可能不允许被修改，比如参数表。那么如何能保护工作表不被修改呢？

扫码看视频

❶ 选择需要保护的工作表，单击"审阅"-"保护工作表"；

❷ 在"保护工作表"对话框中设置密码；

❸ 勾选"允许此工作表的所有用户进行"中的复选框；

如不允许任何操作则均不勾选。

❹ 单击"确定"按钮后需再次输入密码。

完成所有操作后，工作表即处于被保护状态。

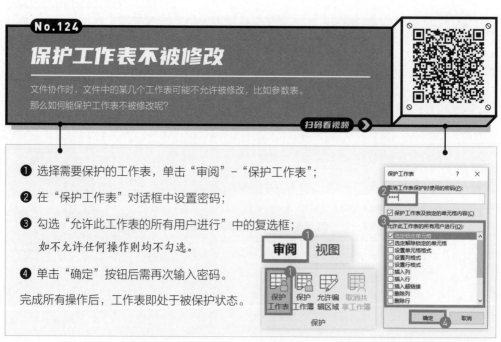

No.125

限定表格编辑范围

分发表格给他人填写时，常有人会改动表格结构。如何保护表格只允许他人在指定范围内编辑数据，而不能修改表格结构？

扫码看视频 ➤

❶ 全选整个表格，按快捷键【Ctrl+1】打开"设置单元格格式"对话框，在"保护"中确认勾选"锁定"复选框；

❷ 选择允许编辑的单元格区域后，按快捷键【Ctrl+1】，取消勾选"锁定"复选框；

❸ 在"审阅"中单击"保护工作表"按钮；

❹ 在"允许此工作表的所有用户进行："中只勾选"选定解除锁定的单元格"复选框，设置密码即可。

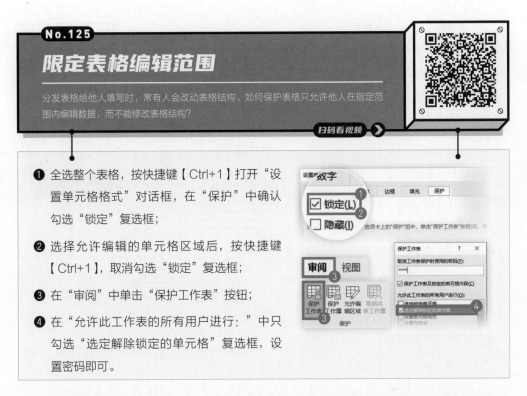

No.126

快速创建表格目录

当工作簿中工作表的数目非常多时，想要快速浏览工作表的名称并且快速跳转至对应的工作表非常麻烦，如何能快速创建表格目录？

扫码看视频 ➤

首先安装"方方格子"插件，打开要创建表格目录的工作簿。

❶ 单击"方方格子"中的"表格目录"；

❷ 弹出的对话框中，单击"保存到新建工作表"单选按钮，表名为"目录"；

❸ 勾选"返回按钮"复选框并做相关设置；

❹ 单击"确定"按钮完成表格目录创建。

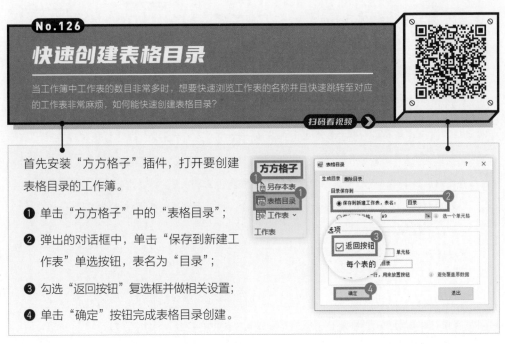

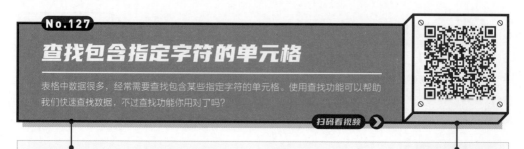

No.127

查找包含指定字符的单元格

表格中数据很多，经常需要查找包含某些指定字符的单元格。使用查找功能可以帮助我们快速查找数据，不过查找功能你用对了吗？

扫码看视频

查找包含"艾迪鹅"3个字符的单元格：

❶ 选择单元格区域，按快捷键【Ctrl+F】；

❷ 在"查找内容"文本框中输入"艾迪鹅"；

❸ 单击"查找全部"按钮。

可查到所有包含"艾迪鹅"3个字符的单元格。

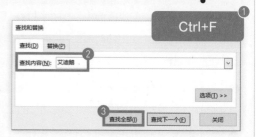

查找只有"艾迪鹅"3个字符的单元格：

❶ 按快捷键【Ctrl+F】打开"查找和替换"对话框，单击"选项"按钮，弹出更多查找选项可供设置；

❷ 勾选"单元格匹配"复选框；

❸ 输入"艾迪鹅"，单击"查找全部"按钮。

可查找只包含"艾迪鹅"3个字符的单元格。

"单元格匹配"限制了查找结果必须和输入的查找内容完全一致。如不勾选"单元格匹配"复选框，只要单元格中包含查找内容，就是符合查找要求的结果。将"单元格匹配"和通配符结合，可以更精确地限制查找要求，如下所示。

- 查找第2、第3、第4个字符是"艾迪鹅"的单元格，查找内容可以是"?艾迪鹅*"。
- 查找最后3个字符是"艾迪鹅"的单元格，查找内容可以是"*艾迪鹅"。
- 查找第1个字符之后包含"艾迪鹅"的单元格，查找内容可以是"?*艾迪鹅*"。

常用通配符解释如下。

*：代表任意个任意字符。

?：代表任意一个字符。

~：表示其右侧的符号为普通字符（非通配符），如"~*"表示查找的是星号*，而不是任意字符。

补充说明：替换功能的通配符使用方法与查找功能的完全一致。

No.128

查找同一颜色单元格

Excel表中经常会用颜色来区分单元格属性，如果想要把某一种颜色单元格快速找出来，该怎么做？

扫码看视频

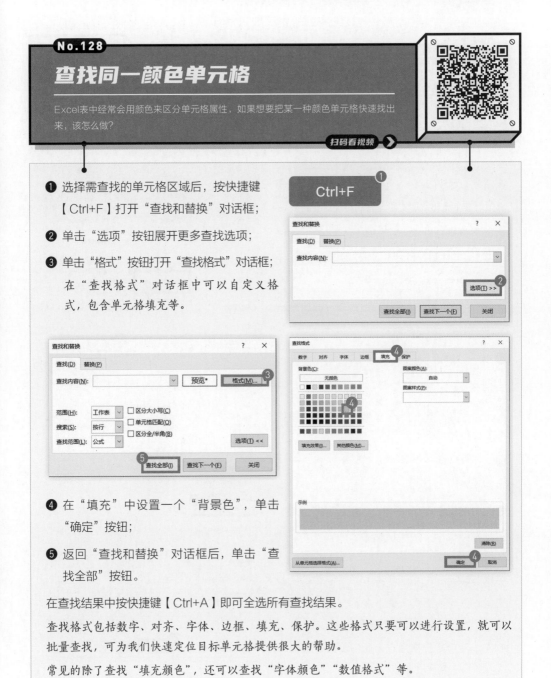

❶ 选择需查找的单元格区域后，按快捷键【Ctrl+F】打开"查找和替换"对话框；

❷ 单击"选项"按钮展开更多查找选项；

❸ 单击"格式"按钮打开"查找格式"对话框；在"查找格式"对话框中可以自定义格式，包含单元格填充等。

❹ 在"填充"中设置一个"背景色"，单击"确定"按钮；

❺ 返回"查找和替换"对话框后，单击"查找全部"按钮。

在查找结果中按快捷键【Ctrl+A】即可全选所有查找结果。

查找格式包括数字、对齐、字体、边框、填充、保护。这些格式只要可以进行设置，就可以批量查找，可为我们快速定位目标单元格提供很大的帮助。

常见的除了查找"填充颜色"，还可以查找"字体颜色""数值格式"等。

95

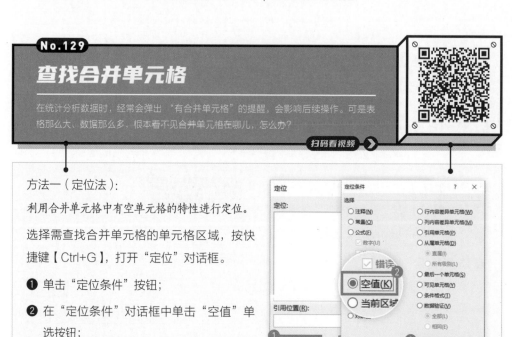

No.129

查找合并单元格

在统计分析数据时，经常会弹出"有合并单元格"的提醒，会影响后续操作。可是表格那么大、数据那么多，根本看不见合并单元格在哪儿，怎么办？

扫码看视频

方法一（定位法）：

利用合并单元格中有空单元格的特性进行定位。

选择需查找合并单元格的单元格区域，按快捷键【Ctrl+G】，打开"定位"对话框。

❶ 单击"定位条件"按钮；

❷ 在"定位条件"对话框中单击"空值"单选按钮；

❸ 单击"确定"按钮。

方法二（查找法）：

利用"查找格式"进行查找，前半部分操作详见技巧 No.128 的前 3 步。

❶ 在"对齐"-"文本控制"中勾选"合并单元格"复选框；

❷ 在"查找和替换"中单击"查找全部"按钮。

在查找结果中，按快捷键【Ctrl+A】可全选所有合并单元格。

方法一是利用合并单元格中有空值的特性来查找，但如果查找区域中有非合并的空单元格，用这个方法查找并不准确。

而方法二是直接根据"合并单元格"格式来进行查找，更加准确。

对这两个方法可以酌情选择使用。

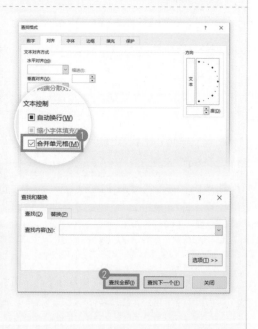

No.130

打印表格边框

有没有遇到过这样的情况：打印出来的Excel文件没有边框，可在计算机上看到明明是有边框的。这是怎么回事？

扫码看视频 ▶

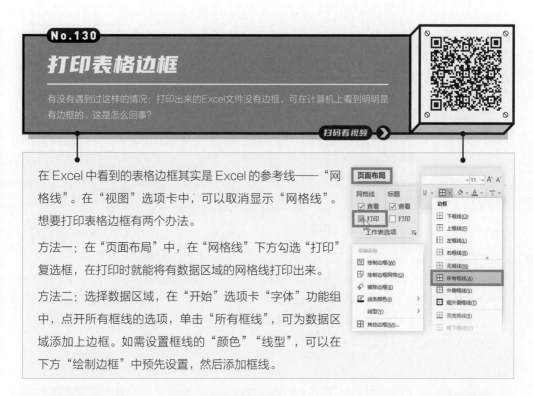

在 Excel 中看到的表格边框其实是 Excel 的参考线——"网格线"。在"视图"选项卡中，可以取消显示"网格线"。想要打印表格边框有两个办法。

方法一：在"页面布局"中，在"网格线"下方勾选"打印"复选框，在打印时就能将有数据区域的网格线打印出来。

方法二：选择数据区域，在"开始"选项卡"字体"功能组中，点开所有框线的选项，单击"所有框线"，可为数据区域添加上边框。如需设置框线的"颜色""线型"，可以在下方"绘制边框"中预先设置，然后添加框线。

No.131

居中打印表格

表格不够一页纸宽度时，整个表格都挤在页面的左侧，右侧一片空白，没有居中，看起来很不美观。如何在纸张上居中打印表格呢？

扫码看视频 ▶

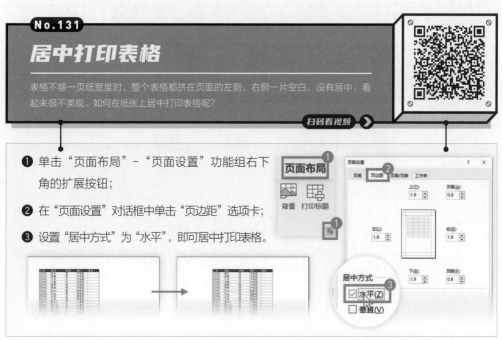

❶ 单击"页面布局"–"页面设置"功能组右下角的扩展按钮；

❷ 在"页面设置"对话框中单击"页边距"选项卡；

❸ 设置"居中方式"为"水平"，即可居中打印表格。

No.132
打印时设置纸张方向和打印区域

当表格很宽，纸张宽度不够打印时，怎么办？

当表格中数据过多时，如何设置只打印局部区域？

扫码看视频

打开要打印的工作表，做以下操作：

❶ 单击"页面布局"选项卡；

❷ 单击"纸张方向"-"横向"即可调整纸张
打印的方向；

❸ 选中需打印的单元格区域，单击"打印区
域"-"设置打印区域"即可打印所选区域。

如果要打印多个数据区域，可以在选择单元格区域时，按住【Ctrl】键同时选中多个数据区
域，打印的结果会分别放置在不同页上。

No.133
每一页自动添加表头

打印很长的数据表格时，需要每一页都添加上表头标题行。如果一页页手动添加，当
数据发生增删时，添加的表头就会改变位置，又得重新调整，太麻烦了！

扫码看视频

使用"打印标题"功能可以自动给每页添加表头标题。

❶ 在"页面布局"中单击"打印标题"，弹出"页面
设置"对话框；

❷ 设置"打印区域"，选择需打印的数据区域，如不
设置，Excel会自动识别当前活动单元格的连续数
据区域；

❸ 设置"顶端标题行"，将鼠标指针移至标题行上，
当鼠标指针变成黑色箭头时，选中标题行，返回
"页面设置"对话框单击"确定"即可。

No.134

快速压缩到一页宽打印

打印表格时经常发现，因为表格宽了一点点，导致表格跨页打印，完整的一行数据被拆分到了两页纸上。那么如何能快速将表格压缩在一页宽纸上进行打印？

扫码看视频 ▶

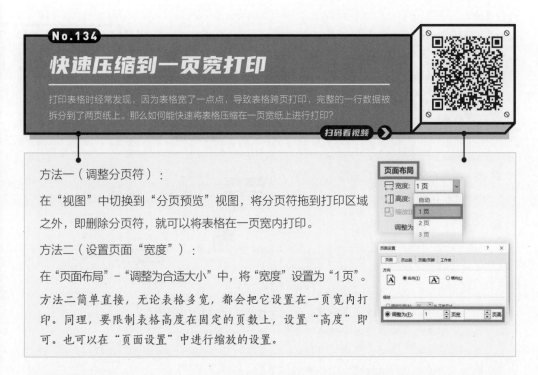

方法一（调整分页符）：

在"视图"中切换到"分页预览"视图，将分页符拖到打印区域之外，即删除分页符，就可以将表格在一页宽内打印。

方法二（设置页面"宽度"）：

在"页面布局"-"调整为合适大小"中，将"宽度"设置为"1页"。

方法二简单直接，无论表格多宽，都会把它设置在一页宽内打印。同理，要限制表格高度在固定的页数上，设置"高度"即可。也可以在"页面设置"中进行缩放的设置。

No.135

自定义页码样式

每个公司的报表格式要求都不一样，仅页码就可能有"千奇百怪"的样式要求，在Excel中如何自定义页码样式？

扫码看视频 ▶

以设置"1月业绩表第1页"样式为例：先在页脚中部"插入页码"（具体操作可参考技巧No.136），然后在页码代码的前面输入文本"1月业绩表第"，其后输入"页"，生成的结果就是"1月业绩表第1页"样式。

将"&[页码]"与"&[页数]"结合还可以设置更多样式。

中部(C)：

1月业绩表第&[页码]页

自定义格式	效果示例
&[页码]/&[页数]	1/5
第&[页码]页，共&[页数]页	第1页，共5页
第 &[页码] 页	第 1 页

No.136

批量添加Logo及文件名

很多正式文件中，都要求在每页页眉上添加一个Logo。在Excel中如何批量添加Logo或文件名称等信息？

扫码看视频

❶ 在"页面布局"-"页面设置"功能组中单击扩展按钮；

❷ 在"页面设置"-"页眉/页脚"中单击"自定义页眉"按钮；

在弹出的"页眉"对话框中，下方3个编辑框分别是页眉的"左部""中部""右部"，可以分别进行设置。编辑框上方是所有能在页眉中插入的信息，包括文本、页码、页数、日期、时间、文件路径、文件名、工作表名以及图片等。

❸ 单击"右部"编辑栏，然后再单击"插入图片"按钮；

❹ 单击"从文件"获取图片，在本地文件中找到Logo图片，单击"插入"按钮即可。

插入后，右部编辑栏会出现"&[图片]"，表示图片插入成功。

通过以上操作，每页的页眉右部都会出现Logo，这样就实现了批量添加Logo。

同理，如果要在页脚批量添加文件名，可以在"自定义页脚"中单击"插入文件名"。

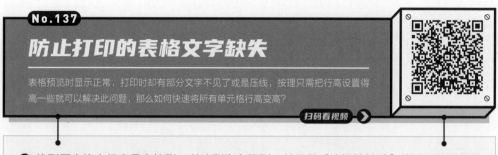

No.137

防止打印的表格文字缺失

表格预览时显示正常，打印时却有部分文字不见了或是压线，按理只需把行高设置得高一些就可以解决此问题，那么如何快速将所有单元格行高变高？

扫码看视频 ▶

❶ 找到原表格中行高最高的列，以该列为参照列，并且用"选择性粘贴"将该列的列宽复制到旁边的空白列，把该空白列作为辅助列；

❷ 在辅助列输入公式：=A2&CHAR(10)&CHAR(10)；

假设 A2 是参照列的单元格，将 A2 的单元格内容与两个换行符连接，相当于把单元格内容增加了两行。

❸ 全选工作表区域，双击行标与行标之间的分界线，自动适应行高，即可将所有行高变高两行。

No.138

批量打印多个工作表

日常工作中很多时候需要打印多个表，如果打印一个表之前需要先打开这个表，然后一边打开，一边打印，岂不是太慢了？难道就不能一次性打印出来吗？

扫码看视频 ▶

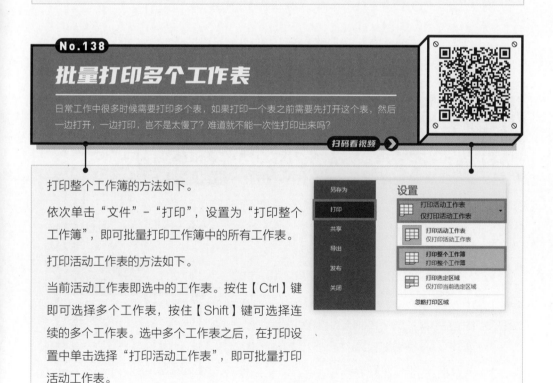

打印整个工作簿的方法如下。

依次单击"文件"–"打印"，设置为"打印整个工作簿"，即可批量打印工作簿中的所有工作表。

打印活动工作表的方法如下。

当前活动工作表即选中的工作表。按住【Ctrl】键即可选择多个工作表，按住【Shift】键可选择连续的多个工作表。选中多个工作表之后，在打印设置中单击选择"打印活动工作表"，即可批量打印活动工作表。

No.139

不同分类自动分页打印

拿到一个完整的数据源表，需要将数据按照分类打印在不同的页上，有没有快速的方法呢？

扫码看视频 ▶

使用"分类汇总"功能可以快速实现分类自动分页打印。在设置前需将分类字段按照"升序"排列，将同类数据进行归类。

❶ 在"数据"选项卡中单击"分类汇总"按钮；

❷ 在"分类汇总"对话框中，先选择分类字段，而后汇总方式和汇总项均任选一个；

❸ 勾选"每组数据分页"复选框后单击"确定"按钮。

按快捷键【Ctrl+P】预览打印效果，已经按照所选分类字段将数据分页打印。

No.140

快速统一部门名称

汇总信息时发现：明明是同一个部门，名称却有多种写法。如何能快速统一同个部门的名称？

扫码看视频 ▶

❶ 选择数据区域，单击"数据"-"筛选"，单击"部门"筛选按钮，在筛选列表中勾选所有同一部门的不同名称，比如指代"人事部"的所有名称，单击"确定"按钮；

❷ 在筛选结果中选择部门列的所有数据单元格，输入"人事部"，按快捷键【Ctrl+Enter】，即可批量统一部门名称。（操作详见技巧 No.102。）

若其他部门名称需统一，重复第❶、❷步操作即可。

No.141

快速删除空行

数据源中如果有空行，会影响数据的排序、筛选、统计等。那么如何批量删除数据中的空行呢？

扫码看视频

方法一（定位）：

❶ 选择数据源中的一列，按快捷键【Ctrl+G】后，在"定位"对话框中单击"定位条件"按钮；

❷ 单击"空值"单选按钮，单击"确定"按钮；

❸ 在选中的任一单元格上单击鼠标右键，单击"删除"命令；

　或者使用删除单元格快捷键【Ctrl+−】。

❹ 单击"整行"单选按钮后，单击"确定"按钮即可。

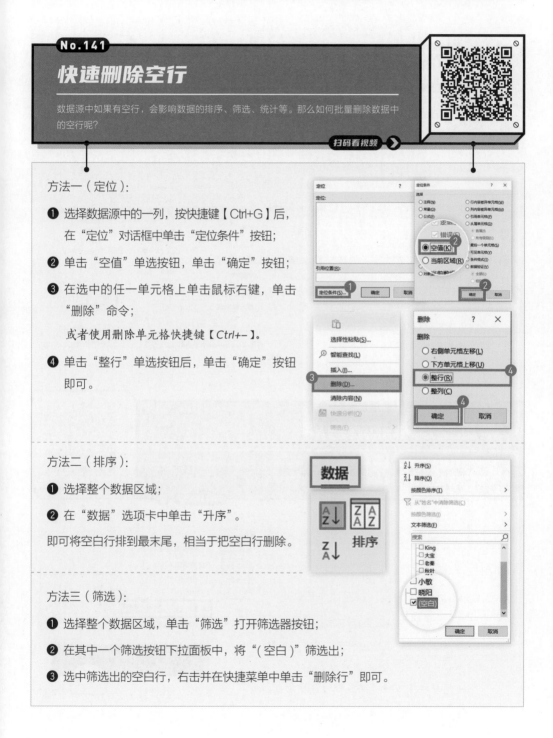

方法二（排序）：

❶ 选择整个数据区域；

❷ 在"数据"选项卡中单击"升序"。

即可将空白行排到最末尾，相当于把空白行删除。

方法三（筛选）：

❶ 选择整个数据区域，单击"筛选"打开筛选器按钮；

❷ 在其中一个筛选按钮下拉面板中，将"（空白）"筛选出；

❸ 选中筛选出的空白行，右击并在快捷菜单中单击"删除行"即可。

No.142

金额快速除以10000

输入完一堆金额数据后,被告知需要以万为单位录入,需要一个个重新输入吗?
不用! 一招快速搞定!

扫码看视频

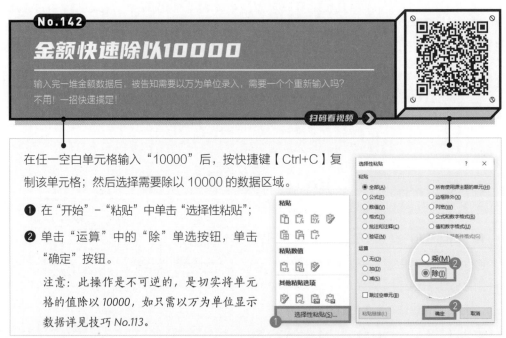

在任一空白单元格输入"10000"后,按快捷键【Ctrl+C】复
制该单元格;然后选择需要除以 10000 的数据区域。

❶ 在"开始"–"粘贴"中单击"选择性粘贴";

❷ 单击"运算"中的"除"单选按钮,单击
"确定"按钮。

注意:此操作是不可逆的,是切实将单元
格的值除以 10000,如只需以万为单位显示
数据详见技巧 No.113。

No.143

快速整理不规范日期

不规范的日期是不能被Excel识别的,对后期的数据统计分析可能有非常大的阻碍。不
规范日期各有各的不规范之处,那么如何快速把它们变规范呢?

扫码看视频

整理不规范日期前,先选中日期列(单列)。

❶ 单击"数据"–"分列"进入"文本分列向导";

❷ 连续单击两次"下一步"按钮跳过向导前两步;

❸ 在向导第三步中选择"列数据格式"为"日
期",且格式为"YMD",单击"完成"按钮。

使用"分列"可以整理大多不规范的日期,但
如果还是有特殊不规范的日期,还需利用其
他手段进行整理。

No.144

从身份证号码中提取出生日期

人事部在整理员工档案时，需要通过身份证号码提取员工的出生日期。手动输入比较麻烦，并且还容易出错，那么有什么方法可以快速提取呢？

扫码看视频

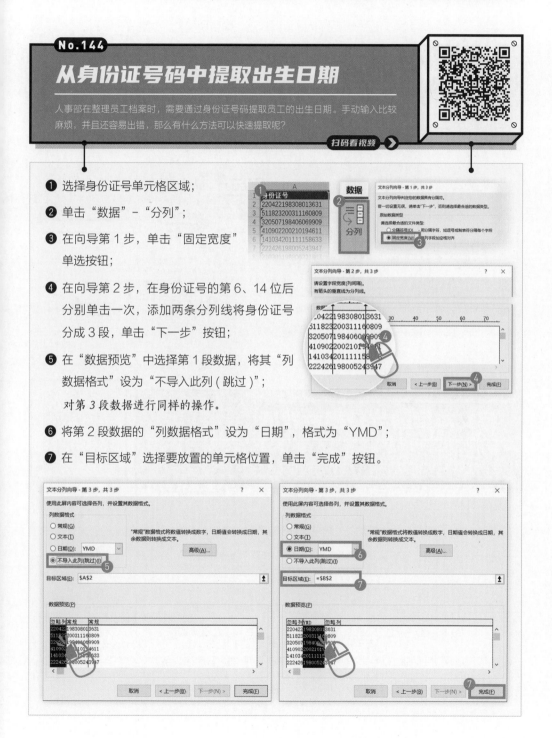

❶ 选择身份证号单元格区域；

❷ 单击"数据"-"分列"；

❸ 在向导第 1 步，单击"固定宽度"单选按钮；

❹ 在向导第 2 步，在身份证号的第 6、14 位后分别单击一次，添加两条分列线将身份证号分成 3 段，单击"下一步"按钮；

❺ 在"数据预览"中选择第 1 段数据，将其"列数据格式"设为"不导入此列（跳过）"；
对第 3 段数据进行同样的操作。

❻ 将第 2 段数据的"列数据格式"设为"日期"，格式为"YMD"；

❼ 在"目标区域"选择要放置的单元格位置，单击"完成"按钮。

No.145

从地址中提取省、市、县

快递业务中，有非常重要的一环是把快递地址中的省、市、县提取出来。但地址有长有短、分隔符也不规律，如何才能快速提取出里面的省、市、县信息？

扫码看视频

较快的方法是使用外部插件，如"方方格子"。安装完成后 Excel 中会出现"方方格子"选项卡。

❶ 选择地址数据单元格，在"方方格子"-"高级文本处理"-"更多"里选择"提取地址"；

❷ 确认"获取地址"中的"区域"；

❸ 选择存放省、市、县的位置，单击"确定"后即可获取到省、市、县的信息。

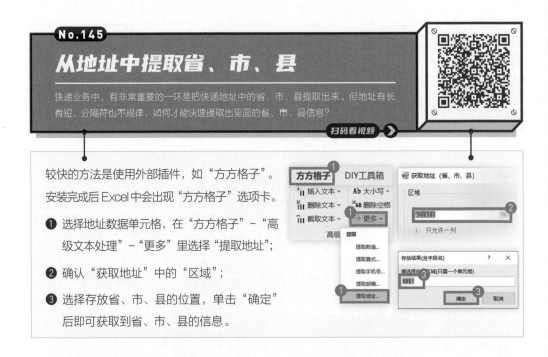

No.146

将文本型数字转换为数值

文本型数字是文本，没有大小之分，也不能做求和函数运算（可以做四则运算）。那么如何能快速把文本型数字转换为可以计算的数值型数字？

扫码看视频

方法一：选择性粘贴（具体操作可参见技巧 No.142）。

复制一个空单元格，选择需转换的单元格区域，单击"选择性粘贴"-"运算"-"加"/"减"。

方法二：分列。

选择数据列，单击"数据"-"分列"，直接单击"完成"按钮。

方法三：错误检查功能。

选择文本型数字区域后，会弹出错误选项，单击选项里的"转换为数字"。

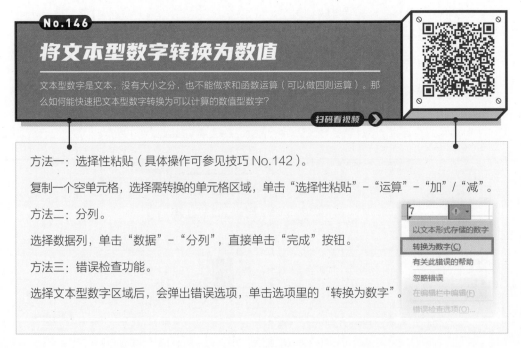

No.147
按分隔符拆分到多列

一些系统导出的数据是用分隔符将所有信息放在一个单元格中的，想要把所有信息拆分开，一个个复制、粘贴太麻烦，有没有更快速的办法呢？

扫码看视频

❶ 选择数据区域，单击"数据"-"分列"；

❷ 在向导第1步中单击"分隔符号"单选按钮；

❸ 在向导第2步中选择数据中的分隔符号；

　本案例中分隔符号是英文逗号，所以直接勾选"逗号"复选框，如没有可选项，则勾选"其他"复选框，然后在后面的文本框中自定义。

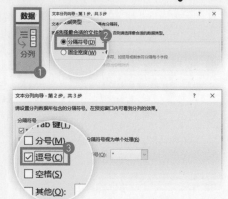

❹ 在向导第3步中观察这些信息的格式是否符合要求，放置的"目标区域"是否合适；

　本案例中有一列是身份证号码，是长数字，需要将其导出为"文本"格式。

❺ 单击"完成"按钮即可将其拆分成多列数据。

延伸阅读

如何做好年终总结？
关注微信公众号【老秦】（ID：laoqinppt），
回复关键词"年终总结"，
延伸阅读"领导爱看的年终总结是什么样的？"。

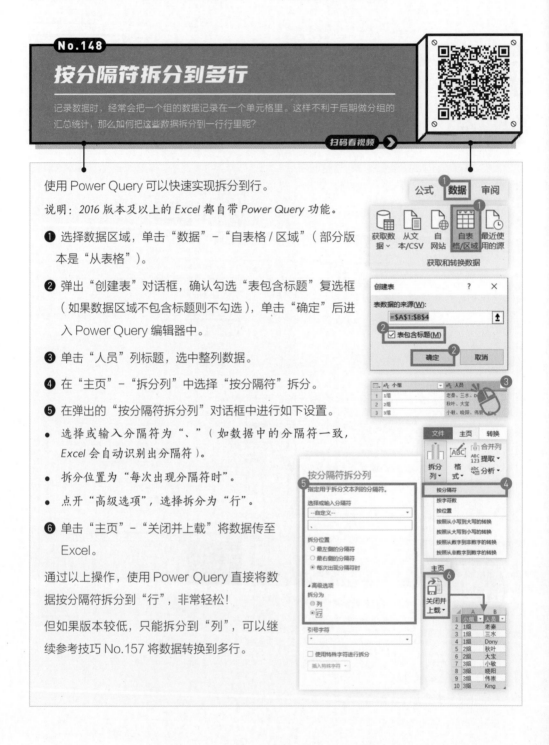

No.148

按分隔符拆分到多行

记录数据时，经常会把一个组的数据记录在一个单元格里。这样不利于后期做分组的汇总统计，那么如何把这些数据拆分到一行行里呢？

扫码看视频

使用 Power Query 可以快速实现拆分到行。

说明：*2016 版本及以上的 Excel 都自带 Power Query 功能。*

❶ 选择数据区域，单击"数据"-"自表格/区域"（部分版本是"从表格"）。

❷ 弹出"创建表"对话框，确认勾选"表包含标题"复选框（如果数据区域不包含标题则不勾选），单击"确定"后进入 Power Query 编辑器中。

❸ 单击"人员"列标题，选中整列数据。

❹ 在"主页"-"拆分列"中选择"按分隔符"拆分。

❺ 在弹出的"按分隔符拆分列"对话框中进行如下设置。

· 选择或输入分隔符为"、"（如数据中的分隔符一致，*Excel* 会自动识别出分隔符）。

· 拆分位置为"每次出现分隔符时"。

· 点开"高级选项"，选择拆分为"行"。

❻ 单击"主页"-"关闭并上载"将数据传至 Excel。

通过以上操作，使用 Power Query 直接将数据按分隔符拆分到"行"，非常轻松！

但如果版本较低，只能拆分到"列"，可以继续参考技巧 No.157 将数据转换到多行。

108

No.149

按类别拆分数据到多个工作表

要求将一个表格按类别把数据拆分到多个工作表中，你会怎么做？一类一类地筛选，然后复制、粘贴吗？不用，有更快速的方法！

扫码看视频 ➡

❶ 选择数据区域，单击"插入"-"数据透视表"，将透视表创建在新工作表中；

❷ 将拆分依据字段拖入"筛选"区域，其他字段均拖入"行"区域；

本案例中需按照"训练营"进行数据拆分，故将除"训练营"外的所有字段拖入行区域。

❸ 在"数据透视表设计"-"报表布局"中选择"以表格形式显示"；

❹ 在"数据透视表分析"-"选项"中单击"显示报表筛选页"；

❺ 选定要显示的报表筛选页字段"训练营"，单击"确定"按钮。

操作完成，数据按照"训练营"中的类目拆分到不同的工作表中，并且以对应的类目命名工作表。

完成效果 ➤➤➤

No.150

拼接多个数据

要想将一些数据连接在一起拼合成一个数据，除了一个个手动复制、粘贴之外，你还能想到什么方法？

扫码看视频

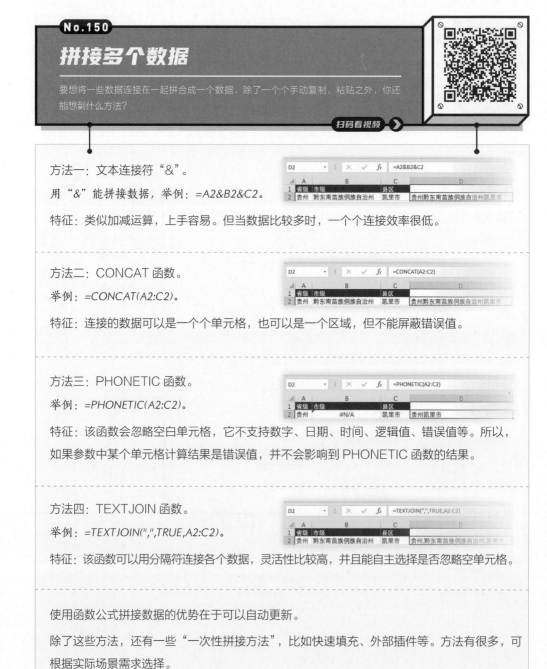

方法一：文本连接符"&"。

用"&"能拼接数据，举例：=A2&B2&C2。

特征：类似加减运算，上手容易。但当数据比较多时，一个个连接效率很低。

方法二：CONCAT 函数。

举例：=CONCAT(A2:C2)。

特征：连接的数据可以是一个个单元格，也可以是一个区域，但不能屏蔽错误值。

方法三：PHONETIC 函数。

举例：=PHONETIC(A2:C2)。

特征：该函数会忽略空白单元格，它不支持数字、日期、时间、逻辑值、错误值等。所以，如果参数中某个单元格计算结果是错误值，并不会影响到 PHONETIC 函数的结果。

方法四：TEXTJOIN 函数。

举例：=TEXTJOIN(",",TRUE,A2:C2)。

特征：该函数可以用分隔符连接各个数据，灵活性比较高，并且能自主选择是否忽略空单元格。

使用函数公式拼接数据的优势在于可以自动更新。

除了这些方法，还有一些"一次性拼接方法"，比如快速填充、外部插件等。方法有很多，可根据实际场景需求选择。

No.151

合并多个工作表

年终做销售报表，但销售明细表按月放在12个工作表中，想要快速统计，必须把12个
工作表的数据合并到一个工作表中。

扫码看视频

首先准备好一个存有所有数据的工作簿。

❶ 打开 Excel，单击"数据"-"获取数
据"-"来自文件"-"从工作簿"；

❷ 找到并选中工作簿文件，单击"导入"按钮；

❸ 在弹出的"导航器"对话框中，单击"合
并多表 .xlsx"选择整个工作簿；

❹ 单击"转换数据"按钮；

❺ 单击选择"Data"列标题之后，单击鼠
标右键，选择"删除其他列"命令；

❻ 单击"Data"标题旁的"展开"按钮；

❼ 取消勾选"使用原始列名作为前缀"复选
框后单击"确定"按钮；

到这一步，一个工作簿中多个工作表的
数据已然合并完成。但仔细一看会发
现，原表中的标题行也被作为数据行合
并在里面。所以还需要继续进行后面的
操作，将数据进行整理。

❽ 在"主页"中单击"将第一行用作标题"，
单击"日期"筛选器，取消勾选"日期"
数据，单击"确定"按钮完成数据筛选，
这样就可以把多余的标题行删除了。

完成以上操作后，单击"主页"-"关闭
并上载"将合并完成的数据上传至 Excel

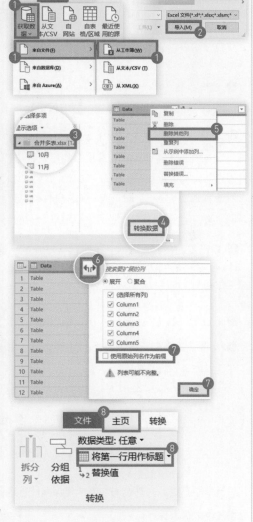

中，接下来做数据统计就很方便了。若原工作簿中的数据发生更改，在"数据"中单击
"全部刷新"按钮，合并的数据也会自动更新。

No.152

多条件筛选

单条件筛选非常简单，直接打开"筛选"，在筛选器中进行条件设置即可。但多条件筛选情况就比较复杂了，如何做多条件的数据筛选？

扫码看视频

筛选情况一：多个"且"关系条件。

例：性别为"男"且入职时间为"2019年"。

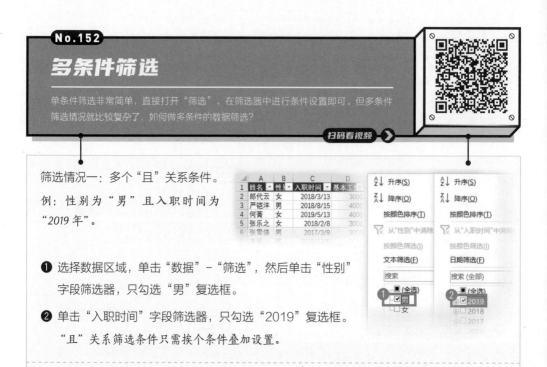

❶ 选择数据区域，单击"数据"–"筛选"，然后单击"性别"字段筛选器，只勾选"男"复选框。

❷ 单击"入职时间"字段筛选器，只勾选"2019"复选框。

"且"关系筛选条件只需挨个条件叠加设置。

筛选情况二：同一字段"或"关系条件。

例：姓"王"或姓"李"。

❶ 单击"姓名"筛选器，在搜索框内输入"王 *"后单击"确定"按钮，用通配符来进行单元格匹配。

❷ 单击"姓名"筛选器，在搜索框内输入"李*"。

❸ 勾选"将当前所选内容添加到筛选器"复选框后单击"确定"按钮。

筛选结果既包含姓"王"的信息，也包含姓"李"的信息。

完成效果 >>

	A	B	C	D	E	F	G	H
1	姓名	性别	入职时间	基本工	交通补	餐补	月奖金	实发工
22	李丽丽	男	2017/1/10	5000	150	300	3721	9171
28	李书同	女	2017/7/27	3000	200	300	1521	5021
29	王姚	男	2018/4/4	3000	200	300	3887	7387
38	李侦	女	2018/1/15	4000	50	300	3789	8139

关键是要在第二次筛选时勾选"将当前所选内容添加到筛选器"复选框，这样前面筛选的结果才不会被清掉。

筛选情况三："且""或"条件均有。

例：姓"王"且基本工资为"*3000*"，姓"李"且月奖金"*>3000*"。单位：元。

当筛选条件关系比较复杂时，用前两种情况的方法来筛选就行不通了。

这种情况下我们可以使用"高级筛选"功能。

❶ 将筛选条件列在 Excel 中，条件设置关键点如下。

● 字段标题名称必须与数据源标题一致。

● 同一行上的条件为"且"关系。

● 不同行的条件为"或"关系。

● 数值的比较运算符号要正确。

❷ 选择数据源区域，在"数据"中单击"高级"。

❸ 在弹出的"高级筛选"对话框中，选择"列表区域"和"条件区域"。

❹ 单击"确定"按钮即筛选完成。

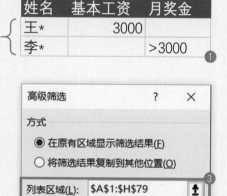

补充知识点：

1. 数值比较运算符号对照表见右表。如果筛选条件介于两个数值之间，就把条件拆成两个放在同一行不同列上。

2. 通配符的使用可以参考技巧 *No.127*。

比较符	含义
>	大于
<	小于
>=	大于等于
<=	小于等于
<>	不等于

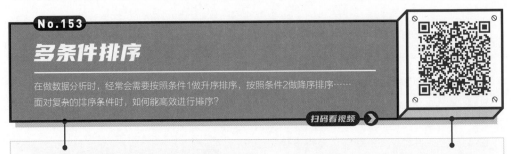

No.153

多条件排序

在做数据分析时，经常会需要按照条件1做升序排序，按照条件2做降序排序……
面对复杂的排序条件时，如何能高效进行排序？

扫码看视频

排序的操作比较简单，但当排序条件比较复杂时，非常容易把排序的主次顺序搞混，所以建议打开"排序"对话框设置排序条件。

要求：将数据按基本工资的"降序"排列，基本工资相同的按入职时间的"升序"排列。

分析：有两个条件，分别是"基本工资"的"降序"和"入职时间"的"升序"，前者优先级更高。

❶ 选择数据区域，单击"排序"打开"排序"对话框；

❷ 单击"添加条件"，再新增一个条件；

越上方的条件越主要，所以第1个条件是"基本工资"的"降序"，第2个条件是"入职时间"的"升序"。

❸ 按照右图分别设置"关键字"的"排序依据"和"次序"。

排序依据除了"单元格值"，还可以是"单元格颜色""字体颜色""条件格式图标"，根据实际排序条件选择即可。

排序的操作是不可逆的，想要能随时回到初始顺序，可以在排序之前先给源数据添加一列序号作为辅助列：

❶ 在数据源旁添加辅助列，录入连续的数字序列；

❷ 接下来进行任何排序操作之后，只要根据辅助列进行"升序"排序，就可以恢复初始顺序。

No.154

按指定部门顺序排序

一些公司的数据表格在部门顺序上是有严格要求的，如何让数据按照指定的部门顺序进行排序？

扫码看视频 ➤

预先添加一个自定义部门序列，详细操作参考技巧 No.103。

❶ 选择数据区域，单击"数据"-"排序"打开"排序"对话框，按照"部门"的"单元格值"进行"自定义序列"排序；

❷ 在弹出的"自定义序列"对话框中选择自定义的部门序列，连续单击"确定"按钮即可。

No.155

数据的行、列互换

有时表格太宽，不方便查看，需要将表格的行变成列、列变成行。如何快速将表格的行、列互换？

扫码看视频 ➤

❶ 选择数据区域，按快捷键【Ctrl+C】复制；

❷ 选择放置表格的单元格，单击"开始"-"粘贴"下拉按钮；

❸ 单击"转置"命令。

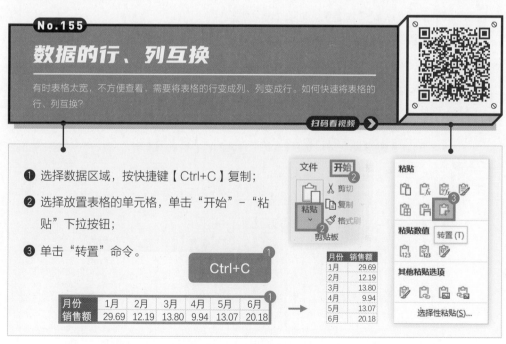

No.156

将同类数据合并到一个单元格

有时会遇到这样的需求：将符合同类条件的多个结果全部放到一个单元格内。有没有快速的办法能合并同类数据到一个单元格里呢？

扫码看视频

选择数据区域，依次单击"数据"-"自表格/区域"进入 Power Query 编辑器，详细操作步骤可参照技巧 No.148。

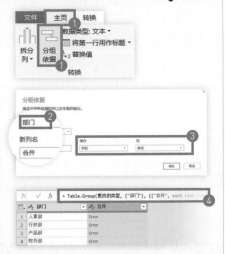

❶ 单击"主页"-"分组依据"进入"分组依据"对话框；

❷ 指定分组所依据的列为"部门"列；

❸ 需输出的列为对"姓名"列的"求和"，自定义新列名为"合并"，单击"确定"按钮；

操作完毕，表中会出现一个新列"合并"列，但所有数据都为"Error"。这是因为对文本数据进行求和是会出错的，所以需要继续做调整。

❹ 在数据上方的公式编辑栏中对公式做以下部分修改：

将"*each List.Sum([姓名])*"改为"*each Text.Combine([姓名],"、")*"。

```
= Table.Group(更改的类型, {"部门"}, {{"合并", each List.Sum([姓名]), type text}})
```

⬇

```
= Table.Group(更改的类型, {"部门"}, {{"合并", each Text.Combine([姓名],"、"), type text}})
```

解释说明：将"求和"换成"文本合并"，并且在数据之间以"、"分隔，换成其他分隔符或者不加分隔符（直接把 *Text.Combine* 的第 2 个参数删除）也是可以的。

合并完成之后，单击"关闭并上载"将数据传至 Excel 即可。

	ABC 部门	ABC 合并
1	人事部	三水、伟秦、King
2	行政部	秋叶、老秦、Dony
3	产品部	大宝
4	财务部	小敏、晓阳

No.157

多列同类数据转单列

同类数据在多列中，不利于统计分析。所以一般会将多列同类目的数据转换成单列，也就是将二维表转换成一维表，以方便做数据统计。

扫码看视频

使用 Power Query 可以实现将二维表转一维表。

❶ 选择数据区域，单击"数据"-"自表格 / 区域"进入 Power Query 编辑器；

如数据区域不是智能表格，需通过"创建表"对话框转换为智能表格。

❷ 单击"1月"列标题，按住【Shift】键再单击"4 月"列标题，快速选中连续的同类目列；

❸ 在"转换"中单击"逆透视列"按钮。

训练营	1月	2月	3月	4月
Excel数据处理	3550	2720	1480	2530
工作型PPT	1680	3130	1660	1520
PPT设计型	340	2690	2730	1990
PPT设计实战班	1360	180	2890	2300
PS视觉设计入门	3610	2040	3080	3170

获取和转换数据

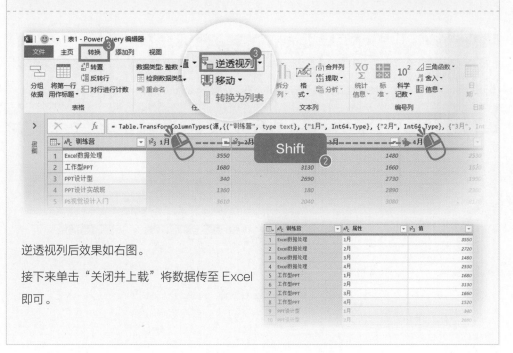

逆透视列后效果如右图。

接下来单击"关闭并上载"将数据传至 Excel即可。

No.158

两列数据对比找不同

有时为了确认数据是否正确或者数据是否被修改，需要对比两列数据是否有差别。如何快速对比出两列数据中的不同值？

扫码看视频 >

方法一：比较运算法。

添加辅助列，输入公式"=B2=C2"，向下填充公式。

结果为"*TRUE*"则为相同，为"*FALSE*"则为不同。

方法二：定位法。

选择数据区域，按快捷键【Ctrl+G】，单击"定位条件"后单击"行内容差异单元格"单选按钮，即可查找不同。

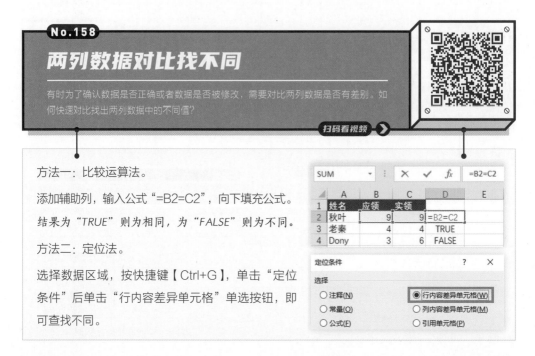

No.159

根据编号自动查找信息

大多数表中都有编号字段，一个唯一的编号对应一条信息。有时我们需要根据编号来获取其他信息，那么如何才能根据编号自动查找信息？

扫码看视频 >

比如要根据 E2 单元格的工号查找"姓名"。使用 VLOOKUP 函数查找，在 F2 单元格输入公式：=VLOOKUP(E2,A:C,2,FALSE)。

函数参数说明如下。

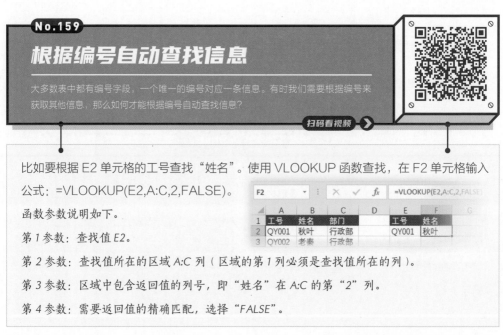

第 1 参数：查找值 *E2*。

第 2 参数：查找值所在的区域 *A:C* 列（区域的第 *1* 列必须是查找值所在的列）。

第 3 参数：区域中包含返回值的列号，即"姓名"在 *A:C* 的第"*2*"列。

第 4 参数：需要返回值的精确匹配，选择"*FALSE*"。

No.160

从右往左查找信息

有一些数据查找，查找值是在返回值的右边，这时候VLOOKUP函数用不了了，该怎么办？

扫码看视频

要求：根据 E2 单元格的姓名查找"工号"。

用 INDEX+MATCH 组合函数，在 F2 单元格输入公式：=INDEX(A:A,MATCH(E2,B:B,0))。

INDEX 函数说明如下。

返回表或数组中元素的值，由行号和列号索引选择。

语法：*INDEX(array, row_num, [column_num])*。

第 1 参数：查找区域 / 数组，选择需索引"工号"的 A 列。

第 2 参数：区域 / 数组中的第几行，这里用 *MATCH* 函数来获取 E2 单元格数据在 B 列中的位置。

第 3 参数：区域 / 数组中的第几列（可选参数），这里第 1 参数的区域只有一列，故可忽略不填。

MATCH 函数说明如下。

在单元格区域中搜索特定的项，然后返回该项在此区域中的相对位置。

语法：*MATCH(lookup_value, lookup_array, [match_type])*。

第 1 参数：查找值，E2 单元格。

第 2 参数：查找区域，选择需索引"工号"列对应的"姓名"列 B 列。

第 3 参数：匹配类型，选择"0"精确匹配。

所以这一部分完整的公式：MATCH(E2,B:B,0)。

将 INDEX 和 MATCH 函数组合使用就可以从右往左查找数据。这个组合的使用范围非常广，也可以从左往右、从上往下、从下往上进行查找。

另外，*Microsoft 365 或 2021 版 Excel*，可以使用 *XLOOKUP* 函数，公式这样写：=*XLOOKUP(E2,B:B,A:A)*。

No.161

划分区间自动评级

成绩优、良、中、差怎么评？当然是划分好区间，实现自动评级的效果啦！

扫码看视频

要求：按照成绩评定等级，划分为优、良、中、及格、不及格 5 个等级。

❶ 划分区间，列等级参数表，应注意以下事项。

- "区间下限"为每段区间的最小值。

- 区间应从小到大升序排列。

区间下限	等级
0	不及格
60	及格
70	中
80	良
90	优

❷ 在 C2 单元格输入公式：

=VLOOKUP(B2,$F$2:$G$6,2,TRUE)。

公式解释如下。

第 1 参数：查找值 B2，根据成绩判断等级。

第 2 参数：查找区域 $F$2:$G$6，需要完全锁定。

第 3 参数："等级"在查找区域中是第"2"列。

第 4 参数：模糊匹配，选择"TRUE"。

C2		:	×	✓	fx	=VLOOKUP(B2,$F$2:$G$6,2,TRUE)

▲	A	B	C	D	E	F	G
1	姓名	成绩	等级			区间下限	等级
2	秋叶	93	优			0	不及格
3	老秦	79	中			60	及格
4	三水	82	良			70	中
5	小敏	87	良			80	良
6	晓阳	68	及格			90	优
7	伟崇	59	不及格				
8	Dony	69	及格				
9	King	56	不及格				
10	大宝	100	优				

使用 VLOOKUP 函数的模糊查找功能，可以实现数据的自动评定等级。除此之外还有其他函数也可以实现该效果。

IF 函数：=IF(B2<60," 不及格 ",IF(B2<70," 及格 ",IF(B2<80," 中 ",IF(B2<90," 良 "," 优 "))))。

IF 函数的语法非常简单，但是当区间比较多时，用 IF 函数多层嵌套比较麻烦。

LOOKUP 函数：=LOOKUP(B2,F:F,G:G)。

LOOKUP 函数的这个用法和 VLOOKUP 函数的模糊匹配相似，语法更简单。

XLOOKUP 函数：=XLOOKUP(B2,F:F,G:G,,-1)。

XLOOKUP 函数的第 5 参数 "-1" 表示精确匹配或匹配下一个较小的项。

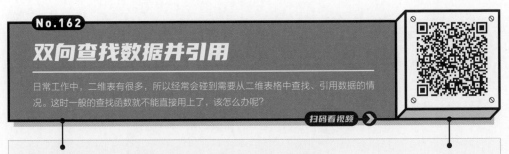

No.162

双向查找数据并引用

日常工作中，二维表有很多，所以经常会碰到需要从二维表格中查找、引用数据的情况。这时一般的查找函数就不能直接用上了，该怎么办呢？

扫码看视频

要求：根据F2的"姓名"和G2的"月份"查找"销量"。

公式1：=INDEX(A1:D10,MATCH(F2,A1:A10,0),MATCH(G2,A1:D1,0))。

用MATCH函数分别查找姓名（F2）所在的行数和月份（G2）所在的列数，再使用INDEX函数在整个数据区域（A1:D10）中按照MATCH函数获取到的行、列值来进行查找。

INDEX+MATCH组合函数的使用说明详见技巧No.160。

	A	B	C	D	E	F	G	H
1	姓名	1月	2月	3月		姓名	月份	销量
2	秋叶	86	43	29		老秦	1月	34
3	老秦	34	63	10				
4	Dony	48	12	80				
5	小敏	30	87	57				
6	晓阳	15	31	51				
7	三水	66	31	27				
8	伟素	76	58	11				
9	King	72	26	85				
10	大宝	85	22	37				

H2 单元格公式：=INDEX(A1:D10,MATCH(F2,A1:A10,0),MATCH(G2,A1:D1,0))

公式2：=SUMPRODUCT((A2:A10=F2)*(B1:D1=G2)*B2:D10)。

SUMPRODUCT函数：返回对应的区域或数组的乘积之和。

语法：SUMPRODUCT(array1, [array2], [array3], ...)。

SUMPRODUCT函数的参数比较单一，都是数组。而本案例不需要做乘积之和，只不过是利用了SUMPRODUCT可以对数组进行计算的特性。

用"="做比较运算，符合条件的运算结果为"TRUE"，不符合条件则为"FALSE"。

再用（行数据）*（列数据）（即 (A2:A10=F2)*(B1:D1=G2)）转换成与 B2:D10 相同大小的数组，同时还把符合条件的变成"1"，不符合条件的变成"0"。

最后再乘以 B2:D10，把符合条件的"1"转成具体的数值。

公式3：=SUM((A2:A10=F2)*(B1:D1=G2)*B2:D10)。

这个公式的写法和公式2的相似，只不过换成了SUM函数，但在完成公式输入后需要按快捷键【Ctrl+Shift+Enter】进行数组公式计算。

No.163

根据简称找全称

平时工作中记录数据时为了方便，写名称都是简称，可能还会出现多种简写，这样在后期统计时名称对不上会造成很多麻烦。那么如何根据简称查找全称？

扫码看视频

❶ 准备好"全称"对照表；

❷ 结合 VLOOKUP 函数和通配符写查找公式：=VLOOKUP("*"&A2&"*",D:D,1,FALSE)。

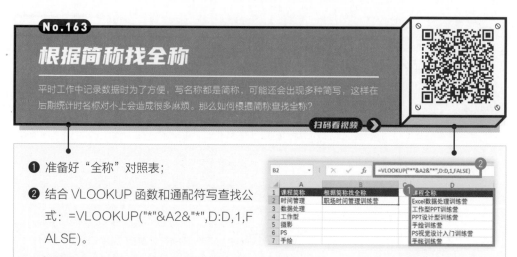

公式说明：

使用文本连接符"&"将简称前后分别连接一个通配符"*"，表示查找值是包含简称的任意数据；在课程全称列表（D列）中查找；返回第1列的值；匹配方式为"精确匹配"（FALSE）。

延伸：若要实现"根据全称找简称"，则需要使用 LOOKUP+FIND 函数写查找公式，详见本技巧视频。

No.164

组内添加编号

数据分组的情况很常见，那么如何给不同类别的数据自动添加组别序号？如果组内需要添加连续序号，又应该如何实现呢？

扫码看视频

C2 单元格公式：=COUNTA($A$2:A2)。

公式说明：COUNTA 函数用于计算区域中的非空单元格数。计数区域使用"拉灯"模式（$A$2:A2），锁住区域的第1个单元格，让计数区域始终从第1个单元格开始。

D2 单元格公式：=IF(A2="",D1+1,1)。

公式说明：IF 函数用来做条件判断。合并单元格中只有第一个单元格不为"空"，依据此特性做条件判断。

No.165

快速创建分类统计表

做报告前有时需要做数据的分类统计，你是不是还在反复地筛选、求和？是不是还在写复杂的公式计算？其实，只需几步就能快速搞定！

扫码看视频

这个方法就是使用"数据透视表"功能。

❶ 准备数据源，数据源要符合规范表格的以下要求。

● 标题只有一行，且字段标题不能重复。

● 数据中不要有空行、合并单元格、小计行等。

● 数据应符合统计要求，数据主要分3类（数值、日期、文本）。

❷ 选择数据源，在"插入"中单击"数据透视表"，弹出"创建数据透视表"对话框。

❸ 确定要分析的数据区域，以及放置透视表的位置，这里选择"新工作表"（把数据源与统计结果分功能放置在不同的工作表中）。

创建完成会出现一个新的工作表，工作表左侧有一个数据透视表区域，右侧有一个"数据透视表字段"面板。以汇总统计每种产品销售额为例，先列如下所示的统计需求。

● 分类：产品。

● 统计：金额。单位为元。

❹ 将"产品"字段拖入"行"区域，将"金额"字段拖入"值"区域，左边数据透视表区域即出现分类统计表。

注意：若数据源发生改动或删除，只需单击"数据透视表分析"中的"刷新"或"数据"中的"刷新"，即可刷新数据结果。如果要增加数据，可在"数据透视表分析"中单击"更改数据源"进行数据源的调整。

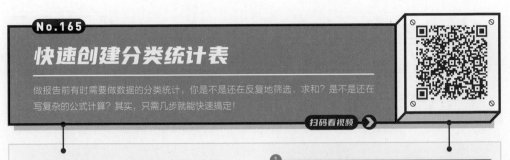

日期	产品	单价	数量	金额
2019/1/1	金花茶	999	6	5994
2019/1/1	蛋黄酥	39	2	78
2019/1/1	海鸭蛋	28	1	28
2019/1/1	海鸭蛋	28	1	28
2019/1/1	金花茶	999	6	5994
2019/1/2	鼠标垫	19	5	95
2019/1/2	蛋黄酥	39	2	78

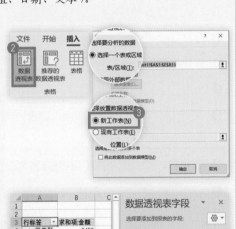

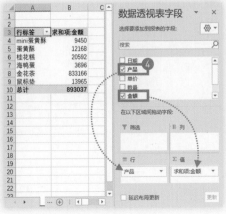

No.166
将分类名称按指定顺序进行排序

用透视表做好数据的分类统计后发现，分类名称是按照拼音排序的，没有按照公司要求的顺序排列。如何才能将分类名称按照指定顺序进行排列？

扫码看视频

方法一（手动排序）：

❶ 单击选择需调整顺序的标签单元格；

❷ 将鼠标指针移动到选中标签的边框，直到鼠标指针变成四向箭头，拖动标签就可以调整标签顺序。

3	行标签 ▼	求和项:金额
4	mini蛋黄酥	9450
5	蛋黄酥	12168
6	桂花糕	20592
7	海鸭蛋	3696
8	金花茶	833166
9	鼠标垫	13965
10	总计	893037

方法二（自定义排序）：

❶ 在"自定义列表"中设置一个分类名称顺序；
具体方法详见技巧 No.103。

❷ 单击"行标签"旁的筛选器，选择"其他排序选项"；

❸ 在"排序（产品）"对话框中，选择升序排序，确认字段是"产品"；

❹ 单击"其他选项"，进入"其他排序选项（产品）"对话框；

❺ 取消勾选"每次更新报表时自动排序"复选框；

❻ 在"主关键字排序顺序"中选择自定义好的序列，单击"确定"按钮。

124

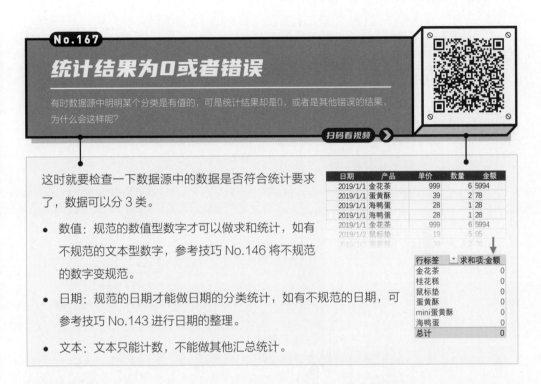

No.167

统计结果为0或者错误

有时数据源中明明某个分类是有值的，可是统计结果却是0，或者是其他错误的结果，为什么会这样呢？

扫码看视频 ➤➤

这时就要检查一下数据源中的数据是否符合统计要求了，数据可以分3类。

- 数值：规范的数值型数字才可以做求和统计，如有不规范的文本型数字，参考技巧 No.146 将不规范的数字变规范。

- 日期：规范的日期才能做日期的分类统计，如有不规范的日期，可参考技巧 No.143 进行日期的整理。

- 文本：文本只能计数，不能做其他汇总统计。

日期	产品	单价	数量	金额
2019/1/1	金花茶	999	6	5994
2019/1/1	蛋黄酥	39	2	78
2019/1/1	海鸭蛋	28	1	28
2019/1/1	海鸭蛋	28	1	28
2019/1/1	金花茶	999	6	5994
2019/1/2	鼠标垫	19	5	95
2019/1/2	茉香酥	39	2	78

行标签	求和项:金额
金花茶	0
桂花糕	0
鼠标垫	0
蛋黄酥	0
mini蛋黄酥	0
海鸭蛋	0
总计	0

No.168

AI自动搞定数据分类汇总

工作中要分析数据，按照分类进行汇总，但是不会使用数据透视表怎么办？不用担心，只需要将数据表格上传至AI工具，口述需求，就能够自动生成统计结果。

扫码看视频 ➤➤

打开 AI 工具平台。

❶ 上传需要做数据分析的 Excel 表格文件；

❷ 在输入框中输入数据分析需求；

❸ 单击"执行"按钮即可自动生成。

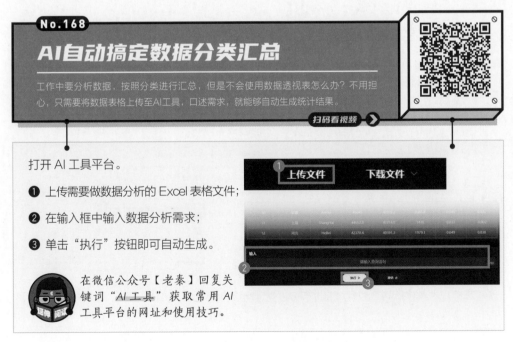

在微信公众号【老秦】回复关键词"AI 工具"获取常用 AI 工具平台的网址和使用技巧。

No.169

求最值和平均值

做数据报表经常会需要统计各个分类的最大值、最小值和平均值，在透视表中做这些统计都非常简单！

扫码看视频 ➤

以统计每种消费类型的最高消费、最低消费和平均消费为例，先列出统计需求。

分类：消费类型。

统计：金额（最高、最低、平均消费的统计字段均是金额，单位为元）。

❶ 插入数据透视表做数据分类统计，将"消费类型"字段拖入"行"区域，将"金额"字段拖入"值"区域3次；

　　说明：同一个字段是可以多次拖入"值"区域的。

❷ 双击值字段标题，进入"值字段设置"对话框；

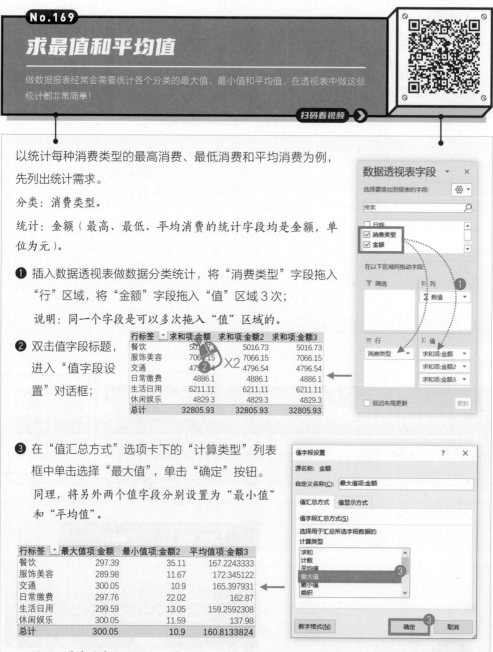

行标签	求和项:金额	求和项:金额2	求和项:金额3
餐饮	5016.73	5016.73	5016.73
服饰美容	7066.15	7066.15	7066.15
交通	4796.54	4796.54	4796.54
日常缴费	4886.1	4886.1	4886.1
生活日用	6211.11	6211.11	6211.11
休闲娱乐	4829.3	4829.3	4829.3
总计	32805.93	32805.93	32805.93

❸ 在"值汇总方式"选项卡下的"计算类型"列表框中单击选择"最大值"，单击"确定"按钮。

　　同理，将另外两个值字段分别设置为"最小值"和"平均值"。

行标签	最大值项:金额	最小值项:金额2	平均值项:金额3
餐饮	297.39	35.11	167.2243333
服饰美容	289.98	11.67	172.345122
交通	300.05	10.9	165.397931
日常缴费	297.76	22.02	162.87
生活日用	299.59	13.05	159.2592308
休闲娱乐	300.05	11.59	137.98
总计	300.05	10.9	160.8133824

　　说明：单击值字段列的任一单元格，单击鼠标右键，在"值汇总依据"中也可以修改汇总方式。

No.170

计算占总计的百分比

求数据占比也是经常会遇到的报表使用场景，如何快速计算每一个分类数据占总计的百分比？

扫码看视频

以统计每种消费类型占消费总金额的占比为例，统计需求如下。

分类：消费类型。

统计：金额。

❶ 插入数据透视表，按需求做好统计；

❷ 双击值字段标题（求和项：金额）打开"值字段设置"对话框，将"值显示方式"设置为"总计的百分比"。

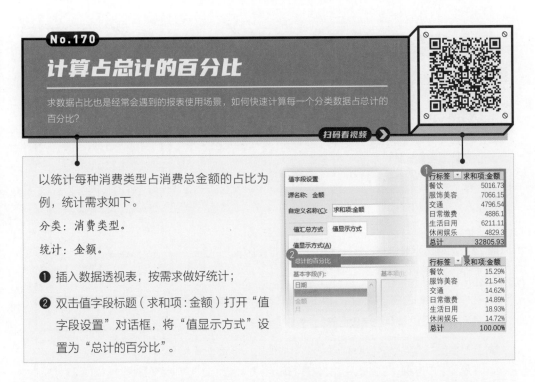

No.171

统计排名

做报表时经常需要对分类统计的数据进行排名，当我们在数据透视表中做好分类统计后，又该怎么统计排名？

扫码看视频

以统计每种消费类型的消费总额排名（从高到低）为例。

分类：消费类型。

统计：金额。

❶ 插入数据透视表，根据"消费类型"汇总"金额"，选择"求和项：金额"值字段的任一单元格，单击鼠标右键；

❷ 在"值显示方式"中选择"降序排列"，在弹出的对话框中，"基本字段"选择"消费类型"；

❸ 单击"确定"按钮。

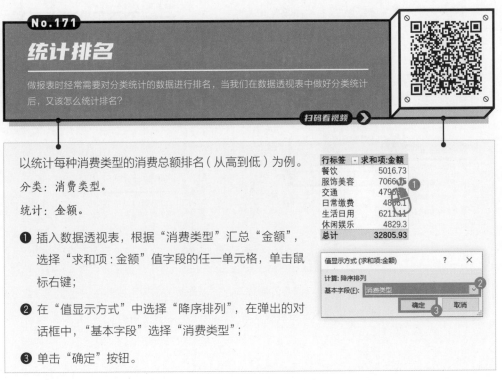

No.172

统计累计总和

做报表时，经常需要将数据按照时间进行累加，如何用数据透视表快速完成累计总和的统计？

扫码看视频

以统计逐月累计的消费金额为例，先列统计需求。

分类：月份。

统计：金额。

❶ 插入数据透视表，将"月"字段拖入"行"区域，"金额"字段拖入"值"区域；

❷ 选择值字段列的任一单元格，单击鼠标右键，依次单击"值显示方式"–"按某一字段汇总"；

❸ 在"值显示方式（求和项：金额）"对话框中，单击"基本字段"下拉按钮，选择"月"，单击"确定"按钮。

要按哪一字段累计汇总，"基本字段"就选哪个字段。

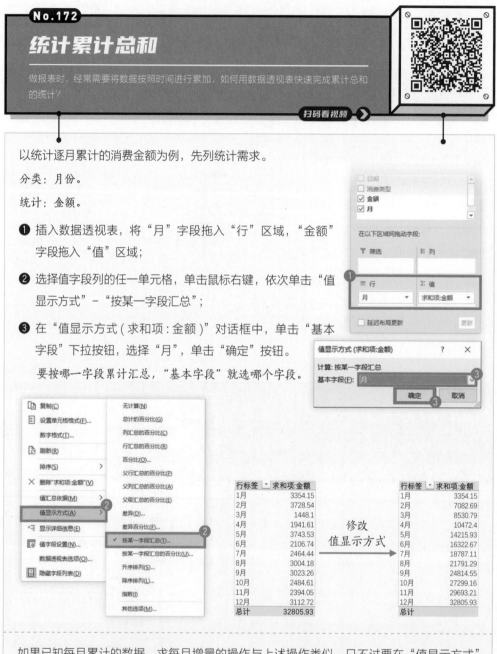

行标签	求和项:金额
1月	3354.15
2月	3728.54
3月	1448.1
4月	1941.61
5月	3743.53
6月	2106.74
7月	2464.44
8月	3004.18
9月	3023.26
10月	2484.61
11月	2394.05
12月	3112.72
总计	32805.93

修改
值显示方式

行标签	求和项:金额
1月	3354.15
2月	7082.69
3月	8530.79
4月	10472.4
5月	14215.93
6月	16322.67
7月	18787.11
8月	21791.29
9月	24814.55
10月	27299.16
11月	29693.21
12月	32805.93
总计	

如果已知每月累计的数据，求每月增量的操作与上述操作类似，只不过要在"值显示方式"中选择"差异"，选择基本字段以及基本项（选"上一个"）即可求得。

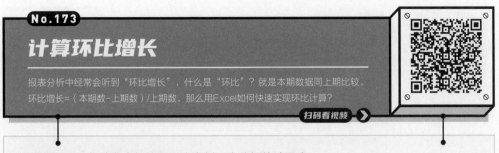

No.173

计算环比增长

报表分析中经常会听到"环比增长",什么是"环比"?就是本期数据同上期比较,环比增长=(本期数−上期数)/上期数,那么用Excel如何快速实现环比计算?

扫码看视频

以计算 2019 年消费金额的月环比为例,先分析统计需求。

分类:月份。

统计:金额。

❶ 插入透视表,将"月"拖入"行"区域,"金额"拖入"值"区域,得到分类汇总表;

以 3 月消费金额为例,其环比增长率计算公式: *(1448.1−3728.54)/3728.54 ≈ −0.6116*。

❷ 双击值字段标题,即"求和项:金额"字段标题,打开"值字段设置"对话框;

❸ 在"值显示方式"中选择"差异百分比";

❹ "基本字段"选择"月";

❺ "基本项"选择"(上一个)",单击"确定"按钮。

基本字段和基本项的含义是,按"月"作为基本字段进行分类,然后计算当前项数据与"上一个""月"数据的差异百分比。

1 月消费金额的差异百分比为空,是因为 1 月的上一个月数据不存在,无法计算。

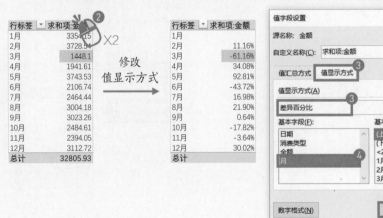

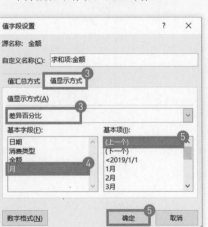

No.174

计算同比增长

什么是"同比"？本期数据与历史同期（一般是上年同期）比较，同比增长=(本期数－同期数)/同期数；那么用Excel如何快速实现同比计算？

扫码看视频

计算同比与计算环比类似（计算环比参见技巧No.173），只需将基本字段由"月"换成"年"。

以2018—2019年消费清单为数据源，计算2019年每月消费金额的同比。

❶ 插入数据透视表，按照"日期"分类统计"金额"，日期会自动按照"年""季度""月"分组，将"季度"字段移出"行"区域；

❷ 双击值字段标题打开"值字段设置"对话框；

❸ "值显示方式"选择"差异百分比"；

❹ "基本字段"选择"年"；

❺ "基本项"选择"(上一个)"，单击"确定"按钮。

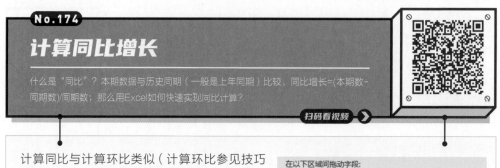

计算同比就完成了，可以验算一下统计结果是否正确，以2019年9月数据为例：(3023.26－2701.03)/2701.03 ≈ 0.1193。

统计表中部分单元格为空，是因为这些单元格没有上一年的同期数据比较，不能计算。

No.175

快速补全函数名称

函数那么多，名称还都是英文，英文很差完全记不住怎么办？函数名称几乎不用记！

扫码看视频

在公式中输入函数名称时，输入函数名称开头字母，Excel 会自动匹配函数列表，输入的字母越多，匹配的函数列表越精确。

所以，忘记函数名称也没关系，只要记得前几个字母，就可以在函数列表中按键盘上的【↑】、【↓】键进行选择，然后按【Tab】键，即可快速补全函数名称及后面的左括号。

或者在列表中双击选中函数名称也可快速补全。

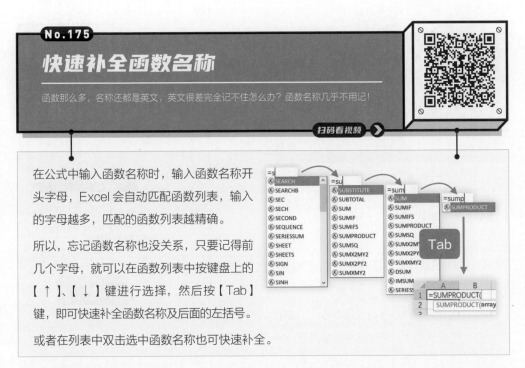

No.176

公式中快速添加$

函数公式中引用单元格或区域时，有时需要切换单元格的引用方式，也就是常见的单元格名称中有"$"，这样的"$"如何快速添加？

扫码看视频

首先需要区分单元格的引用方式。

- 相对引用：引用单元格与公式所在单元格的相对位置不变，公式位置变，引用单元格也变，如 A1。
- 绝对引用：引用单元格绝对不变，如 $A$1。
- 混合引用：引用单元格行绝对不变（如 A$1）或列绝对不变（如 $A1）。

在公式中切换单元格引用方式，除了可以手动添加、删除"$"，也可以直接按快捷键【F4】快速切换。

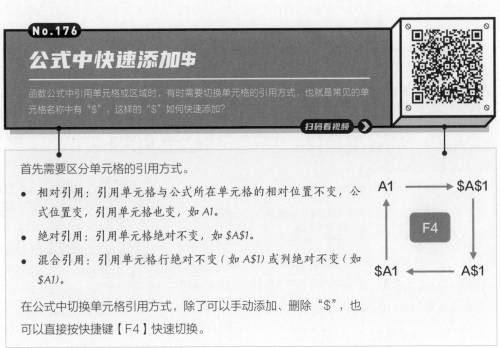

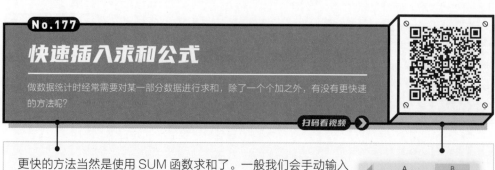

No.177

快速插入求和公式

做数据统计时经常需要对某一部分数据进行求和，除了一个个加之外，有没有更快速的方法呢？

扫码看视频

更快的方法当然是使用 SUM 函数求和了。一般我们会手动输入 SUM 函数，选择求和区域以完成求和公式。其实直接按快捷键就能快速插入求和公式。

选择要插入公式的单元格，按快捷键【Alt+=】即可快速插入 SUM 函数，并且能从行/列上自动识别求和区域，确认区域无误后按【Enter】键，即可完成求和计算。

当需插入公式区域分多行或多列时，还可以结合"定位"功能，批量定位空单元格，然后再按快捷键【Alt+=】快速插入所有求和公式。

No.178

计算累计总和

累计求和在Excel应用场景中经常会遇到，比如计算逐日累计销售额、逐月累计利润等，如何用SUM函数来计算累计总和？

扫码看视频

要求：计算逐月累计销售额。

1 月累计销售额为 SUM(B2)，2 月累计销售额为 SUM(B2:B3)，3 月累计销售额为 SUM(B2:B4)，以此类推。

累计销售额始终是从第一个数据单元格（B2）开始到当前行数据单元格的总和，所以可以将求和区域的开始单元格切换引用方式（按快捷键【F4】），将其锁定不动。

在 C2 单元格输入公式"=SUM($B$2:B2)"；双击填充柄，向下填充公式，求和区域开始单元格始终不变。

No.179

忽略隐藏的行求和

在进行求和时，有时不希望把被筛选或者被隐藏的数据纳入求和范围，但这种要求
SUM函数满足不了，该怎么办？

扫码看视频 ➤

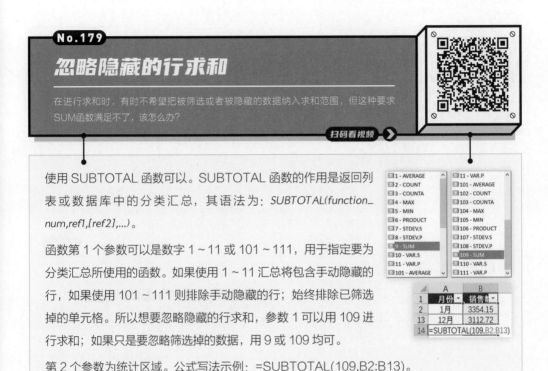

使用 SUBTOTAL 函数可以。SUBTOTAL 函数的作用是返回列表或数据库中的分类汇总，其语法为：*SUBTOTAL(function_num,ref1,[ref2],...)*。

函数第 1 个参数可以是数字 1~11 或 101~111，用于指定要为分类汇总所使用的函数。如果使用 1~11 汇总将包含手动隐藏的行，如果使用 101~111 则排除手动隐藏的行；始终排除已筛选掉的单元格。所以想要忽略隐藏的行求和，参数 1 可以用 109 进行和；如果只是要忽略筛选掉的数据，用 9 或 109 均可。

第 2 个参数为统计区域。公式写法示例：=SUBTOTAL(109,B2:B13)。

No.180

四舍五入保留两位小数

统计结果小数点后有很多位，数据看起来非常乱，所以我们一般会统一只保留两位小数。如何将数据四舍五入保留两位小数？

扫码看视频 ➤

ROUND 函数可以将数字四舍五入到指定的位数。语法为：*ROUND(number, num_digits)*。

第 1 参数：需四舍五入的单元格地址。

第 2 参数：需保留的小数位数。

原数据	四舍五入	向上舍入	向下舍入
4.221	4.22	4.23	4.22
4.1393	4.14	4.14	4.13
9.22	9.22	9.22	9.22

补充知识点：如果不是四舍五入，而是要全部向上舍入或向下舍入，可以用另外两个函数，即 *ROUNDUP*（向上舍入数字）、*ROUNDDOWN*（向下舍入数字）。这两个函数的参数与 *ROUND* 函数的完全一样。*ROUNDUP* 函数是不论后面多余的小数多大，都会向上入"1"（没有多余小数则不入）；而 *ROUNDDOWN* 函数是将多余位数直接舍去。

No.181

统计非空单元格个数

经常需要在表格中统计有数据的单元格的个数，不过数据分很多类，如何才能正确统计想要统计的非空单元格？

扫码看视频

COUNTA 函数可以统计非空单元格个数，计算包含任何类型的信息，包括错误值和空文本。其语法为：*COUNTA(value1, [value2], ...)*。

COUNT 函数可以计算区域中包含数字的单元格个数，语法为：*COUNT(value1, [value2], ...)*。

例如，用 *COUNTA* 函数可以求得 A2:A7 区域的非空单元格个数为 5，而用 *COUNT* 函数计算 A2:A7 区域的数字单元格个数为 3。

如果想要忽略隐藏单元格以统计非空单元格个数，可以参照技巧 No.0179 使用 SUBTOTAL 函数。

数据
1
无
#N/A
2
2

计算个数	公式	计算结果
非空单元格	=COUNTA(A2:A7)	5
数字单元格	=COUNT(A2:A7)	3

No.182

统计单元格内的字符数

Excel不能实时显示字符数，如何能计算出单元格内的字符数是多少？

扫码看视频

LEN 函数可以计算文本字符串中的字符个数，语法为：*LEN(text)*。

LENB 函数可以计算文本字符串中用于代表字符的字节数，语法为：*LENB(text)*。

两者区别在于，LEN 是计算字符数，LENB 是计算字节数。

例如，同样是统计"艾迪鹅 ideart"，LEN 函数的统计结果是 9，而 LENB 函数的统计结果是 12，这是因为一个中文字符占两个字节。

	A	B	C	D	E
1	数据		计算	公式	计算结果
2	艾迪鹅ideart		字符数	=LEN(A2)	9
3			字节数	=LENB(A2)	12

No.183

条件判断成绩是否合格

判断学员学习成绩是否合格的情况比较复杂，可能满足一个条件就合格，也可能要满足多个条件，在各种情况下分别该如何自动判断学员学习是否合格？

扫码看视频

使用 IF 函数做条件判断，IF 函数语法：*IF(logical_test,[value_if_true],[value_if_false])*。

第 1 参数：逻辑判断条件，该参数的计算结果一定是逻辑值 *TRUE* 或 *FALSE*。

第 2 参数：当第 1 参数计算结果为 *TRUE* 时返回的结果。

第 3 参数：当第 1 参数计算结果为 *FALSE* 时返回的结果。

情况一：成绩 >=60，即为"合格"。

   条件：成绩 >=60。

   如果条件成立：合格。

   如果条件不成立：不合格。

	A	B	C	D	E	F
1	姓名	成绩	出勤率	是否合格		
2	秋叶	71	97%	=IF(B2>=60,"合格","不合格")		
3	老秦	57	74%	不合格		
4	三水	98	70%	合格		
5	小敏	79	92%	合格		
6	晓阳	53	98%	不合格		
7	伟崇	72	98%	合格		

D2 单元格公式：=IF(B2>=60," 合格 "," 不合格 ")。

如果 B2 的值大于等于 60，那么返回"合格"，否则返回"不合格"。

情况二：成绩 >=60，且出勤率 >90%，即为"合格"。

   条件1（成绩 >=60）且 条件 2（出勤率 > 90%）。

   如果条件成立：合格。

   如果条件不成立：不合格。

	A	B	C	D	E	F	G
1	姓名	成绩	出勤率	是否合格			
2	秋叶	71	97%	=IF(AND(B2>=60,C2>90%),"合格","不合格")			
3	老秦	57	74%	不合格			
4	三水	98	70%	不合格			
5	小敏	79	92%	合格			
6	晓阳	53	98%	不合格			
7	伟崇	72	98%	合格			

多个条件必须同时满足可以用 AND 函数来做逻辑连接，所以条件可以写成：AND(条件 1, 条件 2)。

D2 单元格公式：=IF(AND(B2>=60,C2>90%)," 合格 "," 不合格 ")。

如果 B2 的值大于等于 60，且 C2 大于 90%，那么返回"合格"，否则返回"不合格"。

情况三：成绩 >=60，或出勤率 >90%，即为"合格"。

条件1（成绩 >=60）或条件2（出勤率 >90%）。

如果条件成立：合格。

如果条件不成立：不合格。

	A	B	C	D	E	F	G
1	姓名	成绩	出勤率	是否合格			
2	秋叶	71	97%	=IF(OR(B2>=60,C2>90%),"合格","不合格"			
3	老秦	57	74%	不合格			
4	三水	98	70%	合格			
5	小敏	79	92%	合格			
6	晓阳	53	98%	合格			
7	伟崇	72	98%	合格			

多个条件需满足至少一个可以用 OR 函数来做逻辑连接，所以条件可以写成：OR(条件 1，条件 2)。

D2 单元格公式：=IF(OR(B2>=60,C2>90%),"合格","不合格")。

如果 B2 的值大于等于 60，或 C2 大于 90%，那么返回"合格"，否则返回"不合格"。

情况二、情况三中的公式是 IF 函数中嵌入了 AND 函数或 OR 函数，这两个函数都是逻辑判断函数，返回的结果为 TRUE 或 FALSE，所以能跟 IF 函数嵌套。当 IF 条件更加复杂时，只需先将条件关系梳理清楚，然后用其他函数辅助嵌套生成 IF 函数的条件即可。

No.184
出现错误值自动显示指定值

报表中有些公式结果经常会出现一些错误值，在确保公式正确的情况下，一些错误值出现是正常的，所以一般会把错误值显示为指定值，例如"0"或"-"。

扫码看视频

IFERROR 函数可以捕获和处理公式中的错误，将错误值显示为指定值。

IFERROR 函数语法：IFERROR(value, value_if_error) 。

数据	公式	计算结果
#N/A	=IFERROR(A2,0)	0
#N/A	=IFERROR(A2,"-")	-

第 1 参数：检查是否存在错误的值。

第 2 参数：第 1 参数为错误值时返回的值，错误值包括 #N/A、#VALUE!、#REF!、#DIV/0!、#NUM!、#NAME? 或 #NULL!。

自动显示"0"：=IFERROR(A2,0)。

自动显示"-"：=IFERROR(A2,"-")，如果第 2 参数是文本字符串，则需要用英文引号引起来。

除了 IFERROR 函数，IFNA 函数也可以用来将错误值 #N/A 显示为指定值，用法与 IFERROR 函数相似。

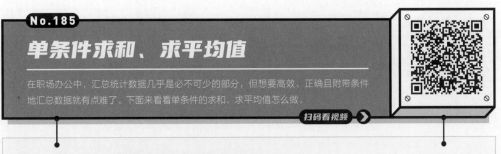

扫码看视频 ➤

要求：统计"Excel 数据处理"训练营学员的总人数。

条件型统计函数 SUMIF 可以实现按照指定条件计算总和，语法：*SUMIF(range, criteria, [sum_range])*。

第 1 参数：要按条件计算的单元格区域。

第 2 参数：逻辑条件。

第 3 参数：求和区域。

	A	B	C	D	E	F	G
1	训练营	月份	学员人数		训练营	学员总人数	
2	Excel数据处理	1月	219		Excel数据处理	=SUMIF(A:A,E2,C:C)	
3	工作型PPT	1月	197				
4	PPT设计型	1月	235				
5	PPT设计实战班	1月	123				
6	PS视觉设计入门	1月	139				
7	Excel数据处理	2月	108				

F2 单元格公式：=SUMIF(A:A,E2,C:C)。

含义：在 A 列中找出值与 E2 单元格值相等的训练营，然后对这些训练营对应的 C 列中的值求和。

在使用 SUMIF 函数时，应该注意以下要点。

● 第 1 参数与第 3 参数的区域要一样大。

● 当第 3 参数求和区域与第 1 参数需匹配条件区域相同时，第 3 参数可以省略。

● 第 2 参数逻辑条件的写法要注意准确性，写法参照下表。

条件类型	含义
E2	等于 E2 单元格的值
"<>"&E2	不等于 E2 单元格的值
">=60"	大于等于 60
"Excel 数据处理 "	值为"Excel 数据处理"
"*Excel*"	包含"Excel"

按条件求平均值可以用函数 AVERAGEIF 实现，其语法及参数与 SUMIF 的几乎完全一样，只不过换了相应的名称。

SUMIF(**range**, criteria, [sum_range])

AVERAGEIF(**range**, criteria, [average_range])

多条件求和、求最值

很多时候，我们需要统计汇总数据的条件不止一个，需要根据多个条件进行统计，这时候又该怎么做？

扫码看视频

要求：统计"Excel 数据处理"训练营"2 月"学员的总人数。

多条件求和可以使用 SUMIFS 函数，它是 SUMIF 函数的"复数"，两者语法相似，只是参数的位置有点儿差异。

语法：*SUMIFS(sum_range, criteria_range1, criteria1, [criteria_range2, criteria2], ...)*。

参数说明详见技巧 *No.185* 的 *SUMIF* 函数的参数说明，相比 *SUMIF*，*SUMIFS* 将求和区域提至第 1 参数，以便后面的多个条件相邻，方便书写。

F2 单元格公式：=SUMIFS(C:C,A:A,E2,B:B,"2 月")。

	A	B	C	D	E	F	G	H
1	训练营	月份	学员人数		训练营	学员总人数		
2	Excel数据处理	1月	219		Excel数据处理	=SUMIFS(C:C,A:A,E2,B:B,"2月")		
3	工作型PPT	1月	197					
4	PPT设计型	1月	235					
5	PPT设计实战班	1月	123					
6	PS视觉设计入门	1月	139					
7	Excel数据处理	2月	108					

含义为，在 A 列中找出值与 E2 单元格值相等，且 B 列中值为"2 月"对应的 C 列中的值进行求和。

"多条件汇总统计家族"除了 SUMIFS，还有 AVERAGEIFS、COUNTIFS、MAXIFS、MINIFS，这些函数都是 IFS 加统计函数组成的多条件统计函数，语法参数都相似，这里就不赘述。

函数	说明	函数	说明
SUMIF	条件求和	SUMIFS	多条件求和
AVERAGEIF	条件求均值	AVERAGEIFS	多条件求均值
COUNTIF	条件计数	COUNTIFS	多条件计数
MAXIFS	多条件求最大值	MINIFS	多条件求最小值

No.187

计算两个日期相隔月数

计算两个日期相隔月数是不是直接把两个日期相减得到间隔天数，然后除以30就好了呢？当然不是，因为并不是每个月都是30天。

扫码看视频 ❯

使用隐藏函数 DATEDIF 函数可以计算月差、年差等。

语法：*DATEDIF(start_date,end_date,unit)*。

第1参数：开始日期。

第2参数：结束日期。

第3参数：间隔类型。

日期1	日期2	公式	结果
2020/2/3	2020/3/5	=DATEDIF(A2,B2,"m")	1
2020/2/3	2020/3/2	=DATEDIF(A3,B3,"m")	0
2020/2/3	2021/2/2	=DATEDIF(A4,B4,"m")	11
2020/2/3	2021/2/2	=DATEDIF(A5,B5,"y")	0
2020/2/3	2021/2/3	=DATEDIF(A6,B6,"y")	1

常用间隔类型有"Y""M""D"，分别计算整年数、整月数和天数。该函数也可以用来计算周岁，公式为：DATEDIF(出生日期 ,TODAY(),"y")。

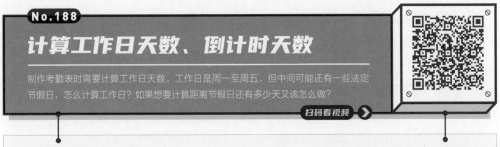

No.188

计算工作日天数、倒计时天数

制作考勤表时需要计算工作日天数，工作日是周一至周五，但中间可能还有一些法定节假日，怎么计算工作日？如果想要计算距离节假日还有多少天又该怎么做？

扫码看视频 ❯

用工作日函数 NETWORKDAYS.INTL 可以计算剔除节假日的工作日天数，且可以自定义周末。

语法：*NETWORKDAYS.INTL(start_date, end_date, [weekend], [holidays])*。

第3参数：自定义周末，可以直接在列表中选择。

第4参数：节假日单元格区域（需事先将节假日列在表中）。

开始日期	结束日期	工作日公式	结果
2020/2/3	2020/5/1	=NETWORKDAYS.INTL(A2,B2,1,G2:G23)	63

用 TODAY 函数可计算实时倒计时天数。倒计时天数公式：倒计时 = 截止日期 –*TODAY()*。

TODAY 函数不需要参数，类似不需要参数的函数还有 NOW、ROW、COLUMN、RAND。

答案是用函数。提取出生日期实际上就是提取文本字符串，用文本函数 MID 即可。

MID 函数语法：MID(text, start_num, num_chars)。

第1参数：包含要提取字符的文本字符串。

第2参数：文本中要提取的第1个字符的位置。

第3参数：要提取的字符个数。

身份证号中出生日期从第7位字符开始，一共8位字符，所以公式这样写：=MID(身份证号 ,7,8)。

身份证号	提取出生日期公式	结果
150525197511148621	=MID(A2,7,8)	19751114

但这样的提取结果只是8位字符串，还不是日期，需要用 TEXT 函数将字符串转为文本型日期。

TEXT 函数语法：TEXT(value, format_text)。

第1参数：要转换为文本的数值。

第2参数：定义要应用于第1参数的文本格式。

日期格式可以是"0000-00-00"，公式这样写：=TEXT(C2,"0000-00-00")。

	A	B	C	D	E
1	身份证号	提取出生日期公式	结果	转换格式	
2	150525197511148621	=MID(A2,7,8)	19751114	=TEXT(C2,"0000-00-00")	

TEXT 函数的转换结果是文本型日期，还不是规范日期，还需利用四则运算将文本型日期转为规范日期。

最终将3步公式合并嵌套，生成最终公式：=--TEXT(MID(A2,7,8),"0000-00-00")

身份证号	提取出生日期公式	结果
150525197511148621	=--TEXT(MID(A2,7,8),"0000-00-00")	1975/11/14

补充知识点：文本函数还有 RIGHT、LEFT 函数，分别可以从右、左提取指定字符数。

No.190

AI自动写函数公式

有时候函数太多，我们很难想到正确的使用方法；有些公式难度不大，但结构复杂，
自己写的时候担心格式写错。不用担心，AI工具可以轻松帮你解决这些问题。

扫码看视频 ➤

打开 AI 工具平台。

❶ 在输入框中填写函数需求，单击"发送"按钮，等待 AI 回复函数公式；

❷ 复制该函数公式，打开 Excel，粘贴应用到需要判断的单元格中即可。

在微信公众号【老秦】回复关键词"AI工具"获取常用 AI 工具平台的网址和使用技巧。

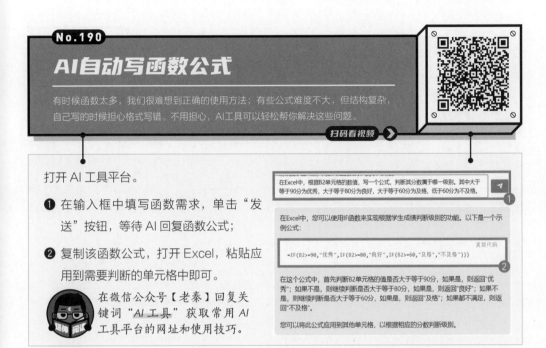

在Excel中，根据B2单元格的数值，写一个公式，判断其分数属于哪一级别。其中大于等于90分为优秀，大于等于80分为良好，大于等于60分为及格，低于60分为不及格。

在Excel中，您可以使用IF函数来实现根据学生成绩判断级别的功能。以下是一个示例公式：

更新代码

`=IF(B2>=90,"优秀",IF(B2>=80,"良好",IF(B2>=60,"及格","不及格")))`

在这个公式中，首先判断B2单元格的值是否大于等于90分，如果是，则返回"优秀"；如果不是，则继续判断是否大于等于80分，如果是，则返回"良好"；如果不是，则继续判断是否大于等于60分，如果是，则返回"及格"；如果都不满足，则返回"不及格"。

您可以将此公式应用到其他单元格，以根据相应的分数判断级别。

No.191

快速调整图表数据范围

有时图表需要删一部分柱形图，或者增加一部分数据区域的柱形图，是不是要把数据
增删后，重新创建图表呢？不用！

扫码看视频 ➤

选中图表之后，会看到图表数据区域上有几个颜色引用框，这几个引用框区域分别是图表的系列名称、系列值以及水平轴标签。引用框的 4 个角上各有一个小方块。

把鼠标指针移至这些小方块上，当鼠标指针变成双向箭头时，按住鼠标左键不放拖动，即可改变引用框的大小。

把鼠标指针移至引用框的四边上，当鼠标指针变成四向箭头时，按住鼠标左键不放拖动，即可移动引用框的位置。

通过以上两种操作就可以快速调整图表的数据范围。

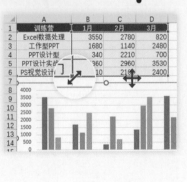

No.192

调转横坐标轴与系列标签

插入图表后发现，图表的样子跟想象中不大一样，想要分析销量在月份上的变化趋势，可横坐标轴标签不是月份，而是课程分类，怎样才能调转横坐标轴与系列标签呢？

扫码看视频 >

插入图表时，数据行标签默认为图表的横坐标轴标签，列标签为图表的系列标签。调转横坐标轴与系列标签有两个方法。

方法一：将数据区域进行行、列转置。

单击"选择性粘贴"－"转置"（详见技巧No.155），但一般数据区域不能改动。

方法二：将图表进行行、列切换。

选中图表，在"图表设计"选项卡中单击"切换行/列"即可。

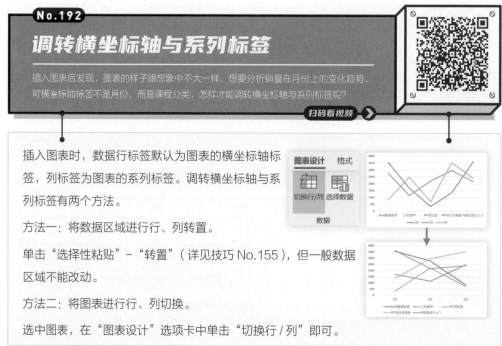

No.193

快速添加新的数据系列

基于现有图表添加新的数据系列，这样的情况很常见，难道每次都要从零开始创建图表吗？

扫码看视频 >

方法一：按快捷键【Ctrl+C】复制要添加的数据区域，然后选中图表，按快捷键【Ctrl+V】粘贴，即可快速添加新的数据系列。

方法二：调整图表数据区域引用框（详见技巧No.191）。

方法三：设置数据源。

选中图表，单击"图表设计"－"选择数据"，在"选择数据源"中单击"添加"可添加数据系列。

3个方法中，前两个方法比较简单、快速，但方法三的设置自由度最高。

No.194

添加和删除图表元素

初识图表最怕的就是某个元素不符合自己的需求，却不知道怎么加，不知道怎么删，不知道怎么改。接下来就了解一下图表元素，以及如何对之进行添加与删除。

扫码看视频 ▶

认识图表元素。

图表元素非常多，但想要认识它们并不难。移动鼠标，把鼠标指针悬停在图表元素上方，即会出现元素相关信息的悬浮窗。

添加图表元素。

选中图表，在"图表设计"中单击"添加图表元素"，里面有所有的图表元素选项，单击即可添加。或者单击图表右上角的"+"图标，也可以添加图表元素。

删除图表元素。

选中要删除的图表元素，按【Delete】键即可删除。

No.195

AI自动做数据分析

不擅长数据分析，怎么办？不用担心，使用AI工具，你只需要将数据上传，就能自动生成可视化的图表，并且帮你完成数据分析，让你更加高效地完成工作。

扫码看视频

上传需要分析数据的 Excel 文件至 AI 工具。

❶ 在电子表格中，选择需要做数据分析的单元格区域；

❷ 单击底部的"探索"按钮，右侧自动弹出探索面板，提供分析图表建议和数据总结；

❸ 将鼠标在图表上悬停，单击右侧出现的"插入图表"按钮，即可将图表插入表格。

No.196

修改坐标轴的刻度间距

自动生成的图表坐标轴刻度间距不符合需求，如何自定义坐标轴的刻度间距？

扫码看视频

❶ 选中要修改的坐标轴，单击鼠标右键，在快捷菜单中单击"设置坐标轴格式"命令；

❷ 在"设置坐标轴格式"面板的"坐标轴选项"中自定义坐标轴的"单位"。

不同坐标轴标签数据类型（数值、文本、日期）对应坐标轴选项中的设置会有不同。数值的"单位"中是数字，日期的"单位"则是"天/月/年"，所以修改坐标轴刻度间距的具体操作需视实际情况而定。

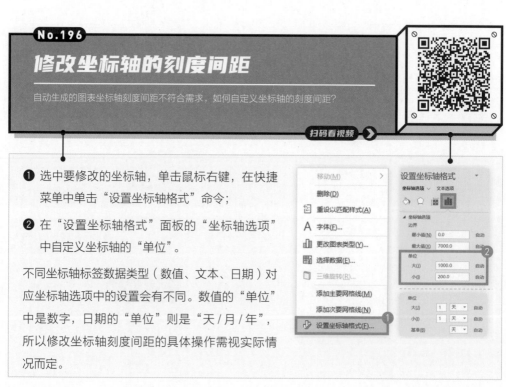

No.197

自定义数据标签的内容

数据系列标签默认都是数据系列本身的值，但有时我们只是借用一下该数据系列数据标签的位置，而标签的值要求自定义。这种效果Excel能实现吗？

扫码看视频 ➤

❶ 选中数据标签后，单击鼠标右键，在快捷菜单中单击"设置数据标签格式"命令；

❷ 在"标签选项"中勾选"单元格中的值"复选框，会弹出"数据标签区域"对话框；

❸ 在"选择数据标签区域"编辑框中选择需要的单元格区域。

"标签选项"中除了"单元格中的值"，还有"系列名称""类别名称""值"等，还可以设置标签选项间的分隔符，需根据实际场景需要进行选择。

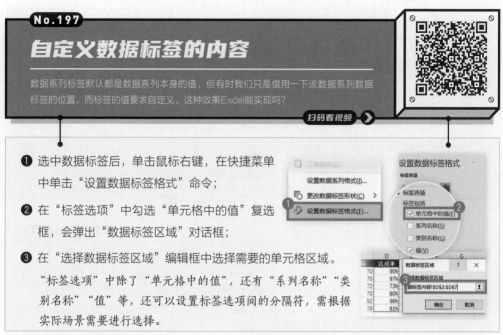

No.198

调节柱形宽度和系列重叠

为什么有的柱形窄，有的柱形宽，有的柱形图两个系列是分开的，有的柱形图两个系列能重叠？这些都是怎么设置的？

扫码看视频 ➤

❶ 选中数据系列（柱形）；

❷ 单击鼠标右键，在快捷菜单中单击"设置数据系列格式"。

在右侧设置面板的系列选项中有如下两个参数。

● 系列重叠：指系列与系列的重叠度。系列重叠为0%时，系列之间无重叠紧挨着；为100%时，多个系列中线完全重叠。重叠度越小，系列中线间距越大。

● 间隙宽度：指同一系列内柱形与柱形间的间隙，间隙宽度越大，柱形自身的宽度就越小。

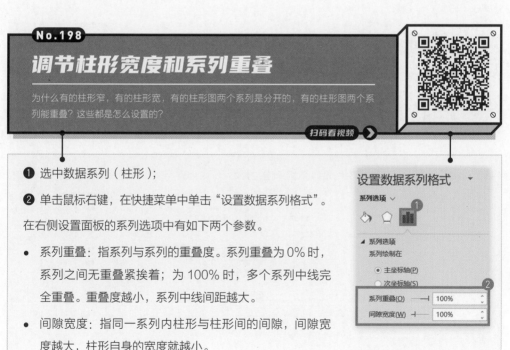

No.199

在单元格中添加数据条

报表中一堆数据看着密密麻麻，一眼看不出哪个大、哪个小，但如果直接给每个单元格中添加一个像条形图一样的数据条，数据的大小区分就很清晰了。

扫码看视频

❶ 选择需要添加数据条的单元格区域，在"开始"选项卡中单击"条件格式"；

❷ "数据条"中选择一个数据条样式即可。

如果要对数据条做更多设置，可以单击"管理规则"命令，双击规则进入"编辑格式规则"对话框中进行自定义。

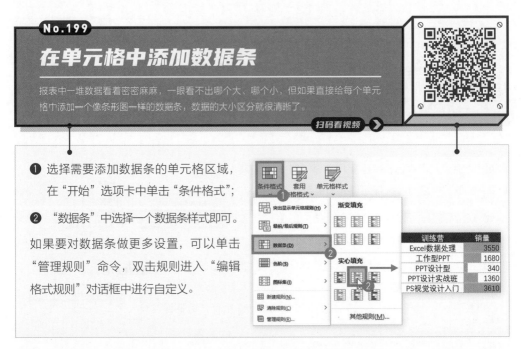

No.200

在单元格中添加红绿灯图标

报表中数据如果能分段显示不一样颜色的图标，数据的层级就非常清晰了。如何在单元格中添加像红绿灯一样的图标？

扫码看视频

❶ 选择要设置格式的单元格区域，依次单击"开始"-"条件格式"-"图标集"，选择"形状"组中的"三色交通灯"；

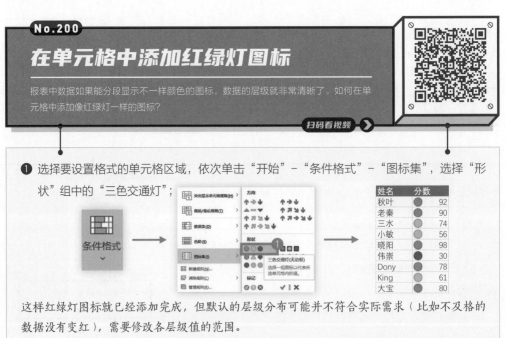

这样红绿灯图标就已经添加完成，但默认的层级分布可能并不符合实际需求（比如不及格的数据没有变红），需要修改各层级值的范围。

146

❷ 在"条件格式"中单击"管理规则"命令；

❸ 在"条件格式规则管理器"中，先选中要编辑的规则，再单击"编辑规则"，或直接双击要编辑的规则，进入"编辑格式规则"对话框；

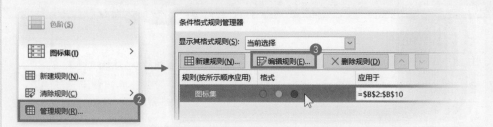

因为预先选择了"图标集"条件格式，所以规则类型、格式样式、图标样式都不需要变动，只要修改"值"的相关规则即可。

❹ 在值类型中均选择"数字"；

❺ 绿灯的值为">=90"，黄灯的值为">=60"，默认红灯的值"<60"，单击"确定"按钮即完成规则的修改。

4种值类型介绍如下。

- 数字：值为数字、日期或时间，可根据数字的特性进行大小比较。

- 百分比：将数据区域中最大值与最小值之间按照数值大小进行百分比等级划分，最大值为100%，最小值为0%。

- 百分点值：将数据区域中的数据进行排序，按照数据点数量的比例找到对应百分比位置处的数据点，并按此数据点的值进行划分。

- 公式：以等号开始的公式，公式返回的结果为数字、日期、时间。

如何真正驾驭函数公式？
关注微信公众号【老秦】（ID：laoqinppt），
回复关键词"Excel 文章"，
延伸阅读"Excel 函数公式的 7 大潜规则"。

No.201

始终凸显最大值的柱形图

为了凸显系列中的最大值，我们可将其换个颜色，但如果是手动换颜色，一旦数据发生变化，又得重新手动换颜色，非常麻烦。有没有办法自动凸显最大值？

扫码看视频

用组合图表可以实现这个效果。

❶ 准备好图表的数据源，添加一个辅助列，用 IF 函数公式来判断当前行的销量是不是最大值，如果是则返回这个值，如果不是则返回空；

公式：=IF(B2=MAX($B$2:$B$6),B2,"")。

用这个辅助列，就能把最大值单独放在一列中，单独为一个数据系列。

❷ 选择 A、B 列的数据区域，单击"插入"-"插入柱形图或条形图"-"簇状柱形图"得到基本柱形图；

接下来需要将辅助列数据添加为一个新的数据系列。

❸ 选中创建好的柱形图，单击"图表设计"-"选择数据"；

❹ 在"选择数据源"对话框中单击"添加"按钮，弹出"编辑数据系列"对话框；

❺ 选择 C1 单元格作为系列名称，C2:C6 为系列值区域，单击"确定"按钮；

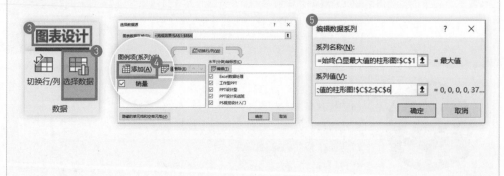

这样就已经把辅助列数据添加进图表中了，但是还没有达到所需的效果。其实只需将"系列重叠"调整成100%就可以了。

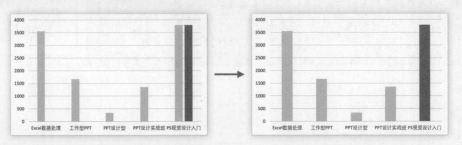

❻ 单击选中任意一个数据系列，单击鼠标右键，单击"设置数据系列格式"命令；

❼ 在右侧面板中调整"系列重叠"为"100%"。

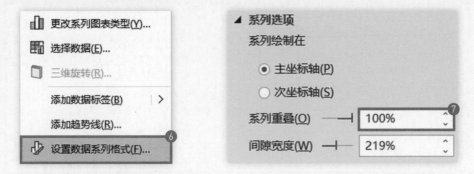

此时，辅助列的数据系列在原图表数据系列上方，原图表最大值的数据点就被遮挡住了，呈现出一种凸出显示最大值的效果。

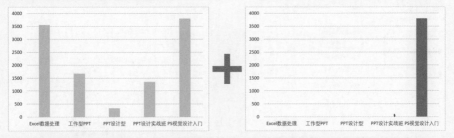

因为辅助列是用公式生成的，当 B 列数据发生变化时，辅助列的数据也会自动变化，从而实现始终自动凸显最大值数据点的效果。

No.202

制作带控制线的柱形图

质量控制岗位监测产品的品质是否合格，直接看数据或看图表不是很直观，如果图表中有质量控制线，能　眼看清质量高于还是低于控制线，就非常直观了！

扫码看视频

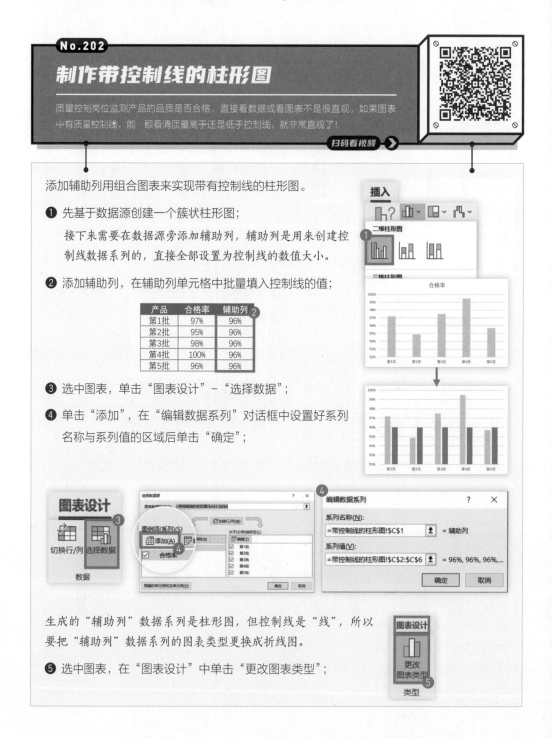

添加辅助列用组合图表来实现带有控制线的柱形图。

❶ 先基于数据源创建一个簇状柱形图；

接下来需要在数据源旁添加辅助列，辅助列是用来创建控制线数据系列的，直接全部设置为控制线的数值大小。

❷ 添加辅助列，在辅助列单元格中批量填入控制线的值；

产品	合格率	辅助列
第1批	97%	96%
第2批	95%	96%
第3批	98%	96%
第4批	100%	96%
第5批	96%	96%

❸ 选中图表，单击"图表设计"-"选择数据"；

❹ 单击"添加"，在"编辑数据系列"对话框中设置好系列名称与系列值的区域后单击"确定"；

生成的"辅助列"数据系列是柱形图，但控制线是"线"，所以要把"辅助列"数据系列的图表类型更换成折线图。

❺ 选中图表，在"图表设计"中单击"更改图表类型"；

❻ 在"更改图表类型"对话框中，单击"组合图"；

❼ 将"辅助列"数据系列的图表类型设置为"折线图"，单击"确定"按钮；

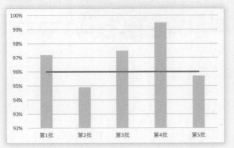

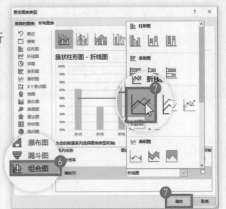

设置完成，效果如上图所示，控制线大致就出来了，不过实线有些生硬，可以将控制线设为虚线。

❽ 选中"控制线"数据系列，设置数据系列格式，在"系列选项"–"填充与线条"–"线条"中，将"短划线类型"设置为"方点"，即可将控制线的实线变为虚线。

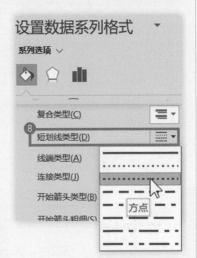

到此，带控制线的柱形图就完成了。如果要多条控制线，只需添加多个辅助列即可。控制线也不一定要用折线图，用面积图也可以实现划分区域的效果，自己动手尝试一下吧！

想要阅读更多有深度的 Excel 相关图书？
关注微信公众号【老秦】（ID：laoqinppt），
回复关键词"Excel 书单"，
延伸阅读"值得五星推荐的 Excel 好书"。

No.203

连接断开的折线图

折线图断开了，一检查发现，原来断开点的数据是空值。Excel默认生成的折线图会将空单元格位置留空，那么如何让断开点连接起来？

扫码看视频

首先要明确 Excel 中零值与空值的区别，零值是数据"0"，而空值是没有数据。

接下来看一下如何让断开点连起来。

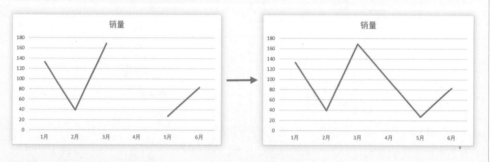

❶ 选中折线图图表，在"图表设计"中单击"选择数据"；

❷ 在"选择数据源"对话框中单击"隐藏的单元格和空单元格"；

❸ 在"隐藏和空单元格设置"对话框中设置"空单元格显示为"为"用直线连接数据点"。

设置完成，即可将断开点用直线连起来。如果要将空单元格作为零值，则在第❸步单击"零值"单选按钮。

补充知识点：

如果在隐藏行或列之后，发现图表不见了，在图表的"隐藏和空单元格设置"中勾选"显示隐藏行列中的数据"复选框即可解决。

No.204

图表受单元格大小影响

在调整行高、列宽时发现，图表的大小也随着变动。如何才能不让图表随着单元格大小的变化而变化？

扫码看视频

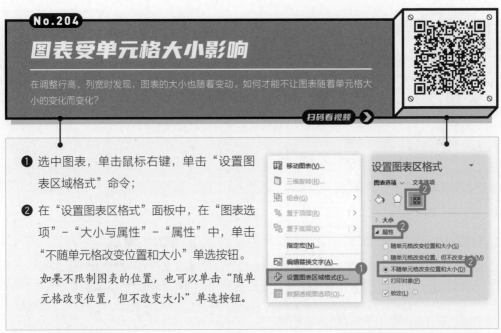

❶ 选中图表，单击鼠标右键，单击"设置图表区域格式"命令；

❷ 在"设置图表区格式"面板中，在"图表选项"-"大小与属性"-"属性"中，单击"不随单元格改变位置和大小"单选按钮。

如果不限制图表的位置，也可以单击"随单元格改变位置，但不改变大小"单选按钮。

No.205

联动控制多个图表

制作动态仪表盘时经常会遇见一个问题，为什么这个图表动了，那个图表没动？这是因为并没有将图表的关联做好。

扫码看视频

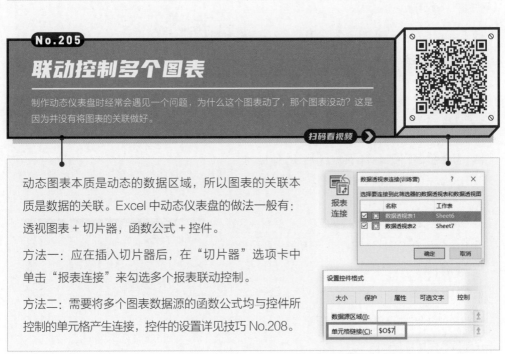

动态图表本质是动态的数据区域，所以图表的关联本质是数据的关联。Excel 中动态仪表盘的做法一般有：透视图表 + 切片器，函数公式 + 控件。

方法一：应在插入切片器后，在"切片器"选项卡中单击"报表连接"来勾选多个报表联动控制。

方法二：需要将多个图表数据源的函数公式均与控件所控制的单元格产生连接，控件的设置详见技巧 No.208。

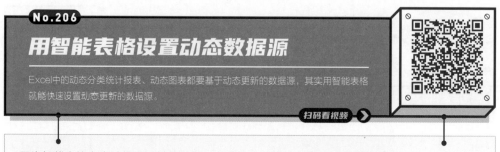

No.206

用智能表格设置动态数据源

Excel中的动态分类统计报表、动态图表都要基于动态更新的数据源，其实用智能表格就能快速设置动态更新的数据源。

扫码看视频

因为智能表格有自动拓展区域的特性，利用这个特性即可创建动态数据源。

创建智能表格有 3 种方法。

方法一（插入表格）：

❶ 选择数据区域，在"插入"选项卡中单击"表格"；

❷ 在弹出的"创建表"对话框中确认数据区域中是否包含标题行，如包含，则勾选"表包含标题"复选框，单击"确定"按钮后智能表格即创建完成。

方法二（套用表格格式）：

❶ 选择数据区域，在"开始"中单击"套用表格格式"下拉按钮，在其中任选一个表格格式；

❷ 在弹出的"创建表"对话框中确认是否勾选"表包含标题"复选框。

方法三（快捷键法）：

选中数据区域后，直接按快捷键【Ctrl+T】或【Ctrl+L】弹出"创建表"对话框，进行设置即可。

将普通数据区域转换为智能表格之后，在智能表格右下角有一个近似反转的"L"形标记，就是指智能表格的范围。

当在智能表格的下方一行或右边一列输入数据后，智能表格区域会自动拓展一行或一列。

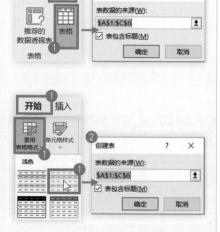

训练营	月份	学员人数
Excel数据处理	1月	219
工作型PPT	1月	197
PPT设计型	1月	235
PPT设计实战班	1月	
PS视觉设计入门	1月	

用智能表格创建数据透视表、图表后，如果后期添加数据，只需在"数据"中单击"全部刷新"，就能自动更新数据透视表、图表的结果。

No.207

用查询函数构建动态数据源

用查询函数可根据某个单元格数据在数据源中查询到所有相关的数据，一旦被引用单元格数据发生变动，后面所有查询到的数据也会跟着变动。

扫码看视频

为了方便更改数据，可以用技巧 No.109 在 A10 单元格设置一个下拉列表。后面 6 个月份的数据只需根据 A10 单元格在 A2:G7 区域中进行查询。

使用 VLOOKUP 函数，在 B10 单元格输入公式：
=VLOOKUP($A$10,$A$2:$G$7,COLUMN(),0)。

解释说明如下。

- 第 1、第 2 参数为绝对引用，当公式向右填充时，引用区域绝对不变。

- 第 3 参数使用 COLUMN 函数获取当前单元格的列号，当公式向右填充时，列号发生改变，从而查询返回值的列数也发生改变。

使用 INDEX+MATCH 函数，在 B10 单元格输入公式：
=INDEX($B$2:$G$7,MATCH($A$10,$A$2:$A$7,0),MATCH(B9,$B$1:$G$1,0))。

解释说明如下。

- 用 MATCH 函数分别查询出 $A$10 的数据在 $A$2:$A$7 行标签区域中的行数、B9 数据在 $B$1:$G$1 列标签区域的列数。

- 再用 INDEX 函数在值区域中根据查询到的行、列号来定位出值。

- 参数中的单元格引用方式根据实际情况而定，若引用单元格 / 区域要求不变就按【F4】键锁住。

这种动态数据区域也是数据的双向查询，除了以上两种方法，还可以参考技巧 No.162 中的方法。

No.208

用控件切换数据引用位置

控件其实只能控制一个单元格，想要切换数据引用位置，还得把控件和函数公式结合起来使用。

扫码看视频

控件需从"开发工具"选项卡中插入，先把"开发工具"选项卡调出来。

❶ 依次单击"文件"-"选项"；

❷ 在"Excel 选项"对话框中，单击"自定义功能区"选项卡；

❸ 在"主选项卡"中勾选"开发工具"复选框。

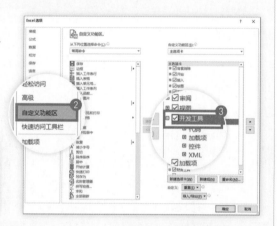

接下来先插入一个控件，看看控件控制的到底是什么。

❶ 在"开发工具"选项卡中单击"插入"；

❷ 选择一个控件类型，比如"列表框"，当鼠标指针变成"+"时，按住鼠标左键拖曳，就可以拖出一个列表框；

❸ 在列表框上单击鼠标右键，单击"设置控件格式"，会弹出"设置控件格式"对话框；

❹ 在"控制"选项卡下设置如下两个参数。

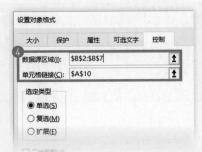

- 数据源区域: 列表框控件中选项的数据来源为 B2:B7。

- 单元格链接: 控件与 A10 单元格链接。

使用控件切换数据引用位置的关键就在于"单元格链接"的这个单元格上。

控件与链接单元格的关系如下。

1. 控件中选项的选择会影响单元格中的值，修改单元格值也会影响控件的选项，是双向控制。

2. 控件中被选中选项在数据源区域（或创建顺序）中的序号，即为单元格的数值。

最后，只需在需查询数据的区域中用查询函数公式，根据控件链接的单元格 A10 做数据查询，就可以做出一个根据控件选项自动切换的数据区域。

B10 单元格公式写法 1: =INDEX(B$2:B$7,$A$10)。将公式向右填充，即可查询到整行数据。

INDEX 函数第 1 个参数锁行不锁列，公式向右填充时，引用区域会相对移动；第 2 个参数为 A10 单元格，始终不动。

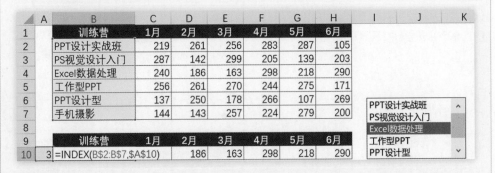

查询函数公式写法不唯一，由于有一个现成的区域行数（A10），使用 INDEX 函数查询比较方便。

B10 单元格公式写法 2: =INDEX($B$2:$H$7,$A$10,COLUMN()-1)。

B10 单元格公式写法 3: =INDEX($B$2:$H$7,$A$10,MATCH(B$9,$B$1:$H$1,0))。

No.209

录制宏自动完成重复工作

Excel中有些任务需要把一系列的动作重复做，难道就没有什么办法让Excel自动完成这些重复操作吗？

扫码看视频

"宏"能在 Excel 环境中运行一系列的操作指令，帮助我们完成重复的操作，提高工作效率。"宏"本质上就是一串代码，听起来很复杂，不过其实用"录制宏"功能就可以把 Excel 中的操作给变成代码记录下来。

❶ 在"开发工具"选项卡中单击"录制宏"按钮；

"开发工具"选项卡的调出方法详见技巧 No.208。

❷ 在弹出的"录制宏"对话框中，设置"宏名"以便于后续识别；

❸ 设置宏的快捷键，后续按快捷键即可快速运行宏；

确定之后，就已经进入录制宏的状态。

接下来在 Excel 中的每一步操作，哪怕是选中一个单元格，都会以代码的形式被记录下来。

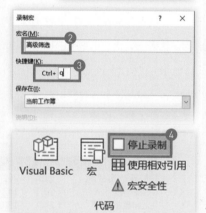

❹ 完成一系列操作（此处省略具体操作）之后，单击"停止录制"按钮。

宏的录制就完成了。

如何运行宏？

方法一：使用快捷键，即第❸步设置的快捷键。

方法二：单击"开发工具"-"宏"打开"宏"对话框，选中要运行的宏，单击"执行"按钮。

运行宏本质是运行代码，即运行所有被录制的操作的代码，以达到自动完成重复性工作的目的。

第 **3** 篇

PPT
办公应用

No.210

修改PPT画布比例

PPT演示中，如果不注意页面比例，播放时经常出现难看的黑边，只有当PPT的比例
与投影仪分辨率比例一致时，才可以铺满屏幕，那么如何修改画布比例？

扫码看视频

场景一（常用画布比例修改）：

❶ 单击"设计"选项卡；

❷ 单击"幻灯片大小"下拉按钮；

❸ 选择想要修改的画布比例；

❹ 弹出对话框后，选择画布缩放样式。

　　"最大化"是通过裁剪画布，达到新指
　　定的页面比例，可能无法显示完整。

　　"确保适合"是通过拓展画布，达到
　　新指定的页面比例，可能产生白边。

场景二（特殊画布比例修改）：

❶ 单击"设计"选项卡；

❷ 单击"幻灯片大小"下拉按钮；

❸ 单击"自定义幻灯片大小"命令；

❹ 修改宽度与高度，可自由设置尺寸；

　　假如屏幕宽5米、高2.5米，比例是
　　2:1，可以设置宽、高分别为100厘
　　米、50厘米。尺寸越大，投影画面
　　越清晰，但PPT文件也会越大。

❺ 修改幻灯片的方向；

　　做竖版的海报时需要把画布变成竖
　　版，需根据具体的需求来选择。

❻ 修改后，单击"确定"按钮。

No.211

幻灯片的分组、隐藏和浏览

一份PPT通常由多个不同主题的内容组成，如何才能对不同的内容进行分类，隐藏暂时不需要演示的幻灯片，以及快速预览所有的幻灯片页面呢？

扫码看视频

幻灯片分组：

❶ 在幻灯片左侧缩览图中，在要分组的幻灯片上方，单击鼠标右键；

❷ 单击"新增节"命令；

❸ 在"节名称"文本框中输入节名；

❹ 完成输入后单击"重命名"。

　若要删除节只需右击节内容，单击"删除节"即可。

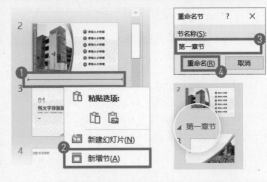

幻灯片隐藏：

❶ 在幻灯片左侧缩览图中选中幻灯片，单击鼠标右键；

❷ 单击"隐藏幻灯片"命令。

　隐藏的幻灯片，放映时不会出现，若想要让隐藏的幻灯片重新显示，只需再次单击"隐藏幻灯片"命令即可。

幻灯片浏览方法一：

❶ 单击"视图"选项卡；

❷ 单击"幻灯片浏览"按钮。

　再次单击"幻灯片浏览"时可返回普通视图模式。

幻灯片浏览方法二：

单击幻灯片底部的"幻灯片浏览"按钮。

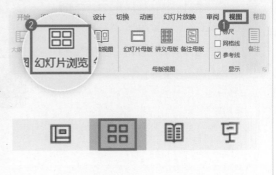

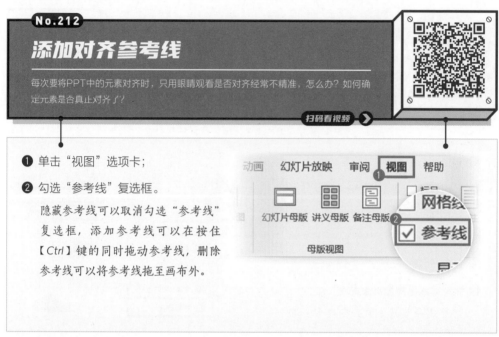

No.212

添加对齐参考线

每次要将PPT中的元素对齐时，只用眼睛观看是否对齐经常不精准，怎么办？如何确定元素是否真正对齐了？

扫码看视频

❶ 单击"视图"选项卡；

❷ 勾选"参考线"复选框。

隐藏参考线可以取消勾选"参考线"复选框，添加参考线可以在按住【Ctrl】键的同时拖动参考线，删除参考线可以将参考线拖至画布外。

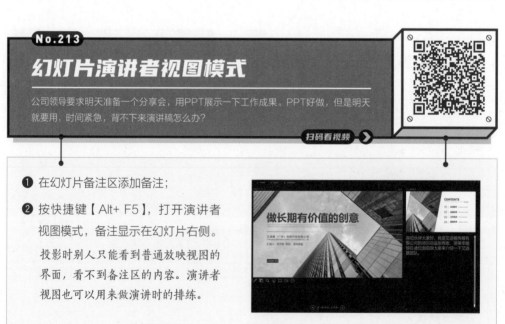

No.213

幻灯片演讲者视图模式

公司领导要求明天准备一个分享会，用PPT展示一下工作成果。PPT好做，但是明天就要用，时间紧急，背不下来演讲稿怎么办？

扫码看视频

❶ 在幻灯片备注区添加备注；

❷ 按快捷键【Alt+ F5】，打开演讲者视图模式，备注显示在幻灯片右侧。

投影时别人只能看到普通放映视图的界面，看不到备注区的内容。演讲者视图也可以用来做演讲时的排练。

No.214

AI一键创建完整PPT

你正在准备一份重要的PPT，但是时间紧迫，你需要在短时间内完成它，怎么办？我将介绍一款AI工具，它拥有一键生成PPT的功能，帮助你快速生成漂亮的PPT。

扫码看视频 ➤

在 *Motion GO* 官网下载插件，按照以下步骤操作：

❶ 单击"Motion Go"选项卡；

❷ 单击"ChatPPT"按钮；

❸ 弹出对话框后，输入想要的 PPT，单击"对话"按钮；

以生成新媒体行业工作汇报 PPT 为例；

❹ 选择一种标题方案；

❺ 选择一种大纲方案；

❻ 选择内容丰富程度。

完成上述的操作，就能够进入自动生成 PPT 的状态了

福利！

从哪里获得实用的 PPT 插件？
关注微信公众号【老秦】
回复关键词"插件"，
即可获取常用 PPT 插件的下载方式！

No.215

应用幻灯片主题

领导要求下班前把Word材料做成一份PPT，好不容易把Word材料放到PPT中，但是白底黑字的PPT不好交差，能不能快速给PPT套个模板？

扫码看视频

❶ 单击"设计"选项卡；

❷ 单击"主题"下拉按钮；

❸ 单击自己喜欢的主题样式。

PPT的"主题"其实就是PPT模板，能够一键将白底黑字的PPT更换背景，单击"浏览主题"还能导入其他模板。

No.216

批量添加页码

领导要求给每页PPT添加页码，一个个输入，可是有上百页PPT啊！有没有更加省时、省力的方法？

扫码看视频

❶ 单击"插入"选项卡；

❷ 单击"幻灯片编号"按钮；

❸ 单击勾选"幻灯片编号"复选框；

❹ 单击"全部应用"按钮。

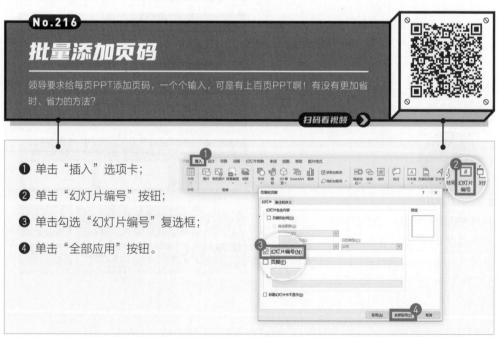

No.217

批量添加Logo

领导要求给PPT加Logo，上百页的PPT如果是一页页复制、粘贴得弄到什么时候！有没有更省时省力的方法？其实Logo可以批量添加或删除！

扫码看视频 ➥

❶ 单击"视图"选项卡；

❷ 单击"幻灯片母版"按钮；

❸ 将Logo复制到"母版"指定位置中；

❹ 单击"关闭母版视图"按钮。

通过这样的步骤，即便你的 PPT 有上百页，都能够一键添加 Logo！

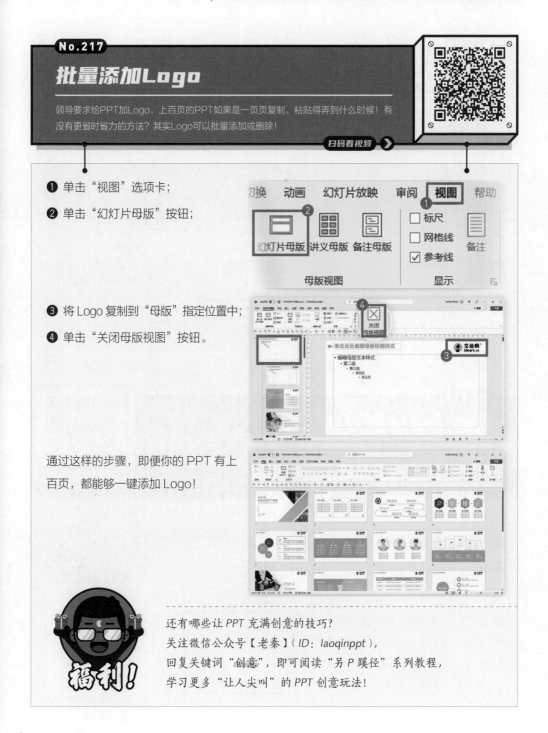

还有哪些让 PPT 充满创意的技巧？
关注微信公众号【老秦】(ID: laoqinppt)，
回复关键词"创意"，即可阅读"另 P 蹊径"系列教程，
学习更多"让人尖叫"的 PPT 创意玩法！

No.218

批量更改背景颜色

给PPT修改背景颜色时，很多人都是先插入一个矩形，然后将之修改颜色再置于底层，操作特别麻烦，而且容易误触到其他元素。有没有更简单、快捷的方法？

扫码看视频

❶ 在 PPT 空白处，单击鼠标右键，单击"设置背景格式"命令；

❷ 单击"填充 – 颜色"修改背景颜色；

❸ 单击"应用到全部"按钮。

No.219

快速选中特定元素

当PPT中元素较多时，经常会选不到底层的元素，移动其他元素选择又需要重新调整，特别麻烦。有没有更快速、精准的选择方式？

扫码看视频

❶ 单击"开始"选项卡；

❷ 单击"选择"下拉按钮；

❸ 单击"选择窗格"命令；

❹ 在弹出的窗格中找到想选的元素。

选择窗格右侧的"眼睛"图标表示元素显示，单击"眼睛"图标即可将对应元素暂时隐藏。

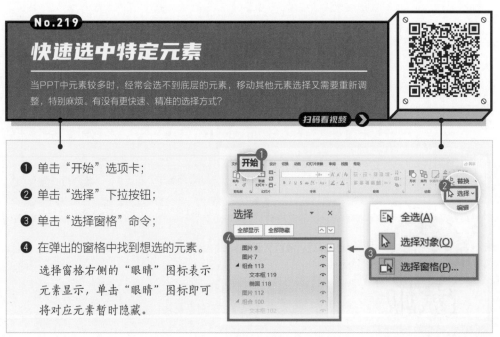

No.220

调整层级顺序/组合/对齐

调整多个元素的上下层关系、对齐方式等是制作PPT时特别高频的操作，如何高效完成这些操作呢？

扫码看视频 ▶

调整元素层级顺序：

❶ 选中元素，单击"开始"选项卡；

❷ 单击"排列"下拉按钮；

❸ 在"排列对象"中调整元素层级。

调整元素组合：

❶ 选中元素，单击"开始"选项卡；

❷ 单击"排列"下拉按钮；

❸ 在"组合对象"单击"组合"按钮。

"组合"的快捷键为【*Ctrl+G*】；

"取消组合"的快捷键为【*Ctrl+Shift+G*】。

调整元素对齐：

❶ 选中元素，单击"开始"选项卡；

❷ 单击"排列"下拉按钮；

❸ 在"放置对象"中单击"对齐"按钮；

❹ 选择自己想要的对齐模式。

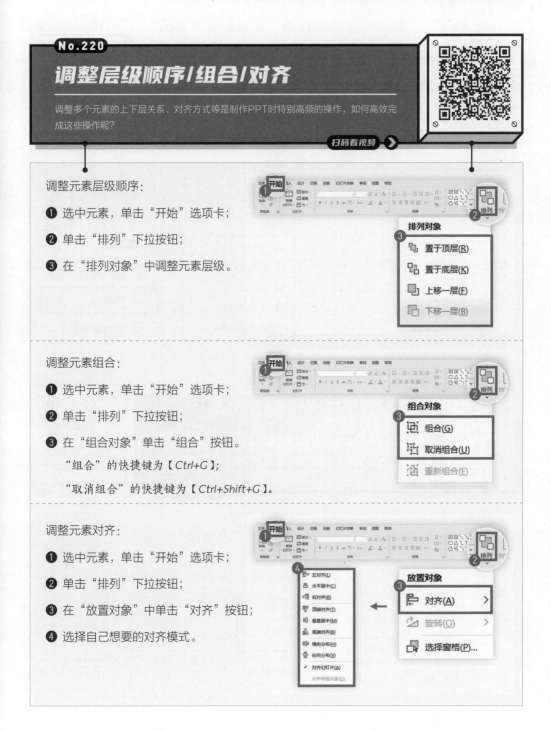

No.221

调整元素旋转角度

想把元素调转方向或者旋转特定的角度，手动调整经常有偏差，有没有什么方法能够精准地调整元素的角度？

扫码看视频

❶ 选中元素，单击"开始"选项卡；

❷ 单击"排列"下拉按钮；

❸ 在"放置对象"中单击"旋转"命令；

❹ 选择合适的旋转方式。

系统自带4种常用的旋转方式，单击"其他旋转选项"可自定义旋转角度。

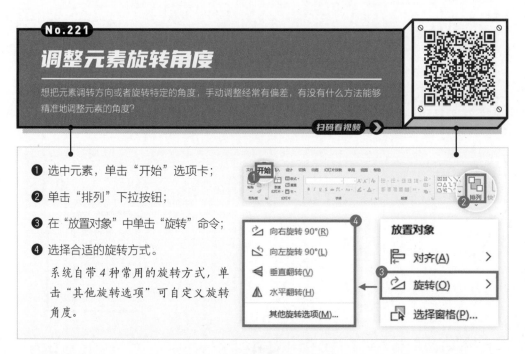

No.222

快速查找/替换文本

做PPT时，经常需要查找或更改文本内容，比如快速找到"2020年"，又或者把"2019年"全部改成"2020年"，一个个改特别费时，有没有简单、快速的更改方式？

扫码看视频

❶ 单击"开始"选项卡；

❷ 单击"替换"按钮；

❸ 输入查找内容与替换内容；

❹ 单击"全部替换"按钮。

若只需要查找某些特定关键词，仅需输入查找内容，然后单击查找下一处即可。

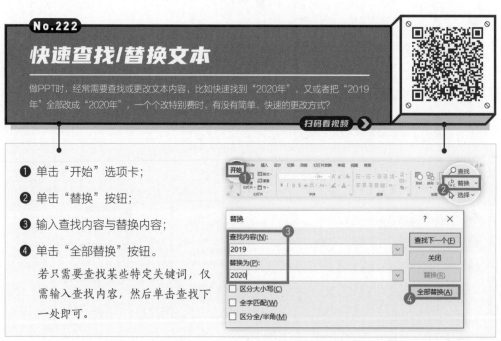

No.223

添加超链接

在PPT演示中，当我们需要在演示中途跳转到某一个指定的页面、打开某个网页或者其他文件时，通常都会使用超链接，那么如何插入超链接？

扫码看视频

场景一（跳转到现有文件）：

❶ 选中元素，单击鼠标右键，单击"链接"命令；

❷ 单击"插入链接"；

❸ 单击"现有文件或网页"；

❹ 选择想跳转的文件；

❺ 单击"确定"按钮。

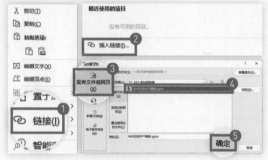

场景二（跳转到网页地址）：

❶ 选中元素，单击鼠标右键，单击"链接"命令；

❷ 单击"插入链接"；

❸ 单击"现有文件或网页"；

❹ 输入想要跳转的链接地址；

❺ 单击"确定"按钮。

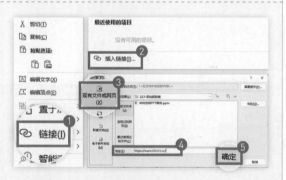

场景三（跳转到本幻灯片某一页）：

❶ 选中元素，单击鼠标右键，单击"链接"命令；

❷ 单击"插入链接"；

❸ 单击"本文档中的位置"；

❹ 选择要跳转到的幻灯片页面；

❺ 单击"确定"按钮。

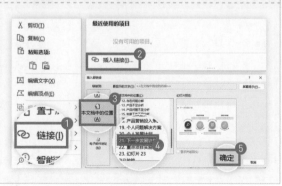

No.224

批量导入图片

领导说要给公司做一个每页一张照片的PPT宣传相册，可是足足有几百张照片啊！一张张插入实在太麻烦了！有没有省时，省力的方法？

扫码看视频

❶ 单击"插入"-"相册"-"新建相册"；

❷ "插入图片来自"选择"文件/磁盘"；

如果PPT上需要配文字，可以在"插入文本"中选择"新建文本框"。另外可以在"图片选项"中对插入的图片进行批量处理。

❸ 框选所需图片，单击"插入"按钮；

❹ 在"相册"对话框中单击"创建"按钮。

No.225

批量提取图片

一份PPT中有很多需要在其他地方使用的照片或图片，一张张"另存为"太麻烦了！有没有省时、省力的方法，提取PPT文件中的这些图片？

扫码看视频

❶ 把PPT文件的扩展名改为".rar"；

直接修改文件扩展名会导致原始文件不可用，若要保留，请先备份。若文件不显示扩展名，可打开"资源管理器"单击"查看"，勾选"文件扩展名"复选框。

❷ 用解压软件解压压缩包文件；

❸ 解压后打开命名为"ppt"的文件夹，找到"media"文件夹，即可看到PPT中所有的图片。

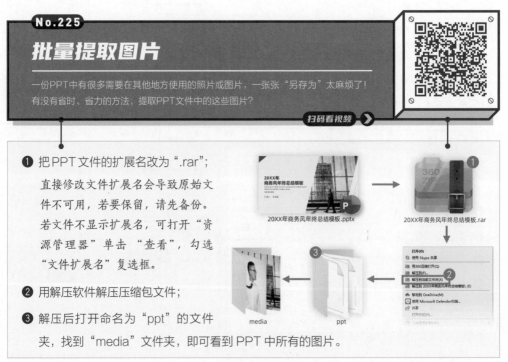

No.226

更改图片颜色

遇到插入的图片色调与画面不搭，如何才能使图片与页面上的其他元素更加协调？只需调整图片的颜色，即可轻松搞定！

扫码看视频 ➤

① 选中图片，单击"图片格式"选项卡；

② 单击"颜色"下拉按钮；

③ 选择"重新着色"中跟主色相近的颜色。

No.227

删除图片背景

无论是产品图片还是人物图片，通常都带有背景，在排版时大大限制了发挥空间，如何才能将图片背景删除？

扫码看视频 ➤

① 选中图片，单击"图片格式"选项卡；

② 单击"删除背景"按钮；
   系统会自动识别要删除的内容，紫色区域代表要删除的区域。

③ 若主体被识别为要删除，单击"标记要保留的区域"即可涂抹要保留的区域；

④ 主体保留完整后，单击"保留更改"按钮。

No.228

裁剪图片

竖版图片放置到横版幻灯片时，因尺寸不合会留下大面积的空白，又或者经常会遇到图片尺寸不合适的情况，如何才能自由调整图片的尺寸呢？

扫码看视频

❶ 选中图片，单击"图片格式"选项卡；

❷ 单击"裁剪"下拉按钮；

❸ 单击"裁剪"；

❹ 移动黑框以调整选区，调整后单击裁剪区外任意位置应用即可。

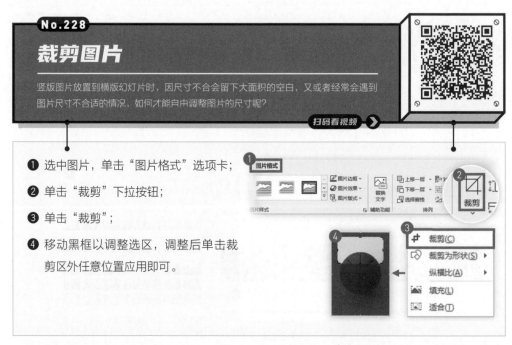

No.229

将图片裁剪为特殊形状

方方正正的图片难免显得单调，如何让图片展示更有设计感？只需将图片裁剪为不同的形状就能让图片展示的效果大不一样。

扫码看视频

❶ 选中图片，单击"图片格式"选项卡；

❷ 单击"裁剪"下拉按钮；

❸ 单击"裁剪为形状"命令；

❹ 选择想要裁剪的形状进行裁剪即可。

　对于裁剪形状得到的样式，如果不满意可以进行二次调整，更详细的操作步骤可观看配套视频进行学习。

No.230
等比例放大或缩小图片

做PPT时，经常要放大或缩小图片，但常会导致图片变形。那么，如何才能等比例处理图片而不变形？

扫码看视频 ➤

方法一：等比例调整图片。

选中图片，按住【Shift】键，用鼠标拖动图片对角的任意一个点。

方法二：等比例中心缩放调整图片。

选中图片，按住【Ctrl+Shift】键，用鼠标拖动图片对角的任意一个点。

No.231
一键更改图片

从网上下载了PPT模板想套用，文字倒是复制、粘贴就可以了，但是图片不好改，有没有简单、快捷的方法可以一键借用现有的图片版式？

扫码看视频 ➤

❶ 选中图片，单击鼠标右键，单击"更改图片"命令；

❷ 单击"来自文件"/"自剪贴板"。

"来自文件"可从计算机中找图片替换；

"自剪贴板"适合图片已经在 PPT 中（"自剪贴板"在 Office 2013 及以上版本中可用）。

No.232

调整图片亮度

精美的图片与文字配合不但没有相得益彰，反而互相干扰，影响了内容传达。如何在不更换图片的情况下，让内容不受背景图片干扰？

扫码看视频

❶ 选中图片，单击"图片格式"选项卡；

❷ 单击"校正"下拉按钮；

❸ 选择"亮度 / 对比度"样式。

　　除了系统自带的样式，还可以手动调节参数。

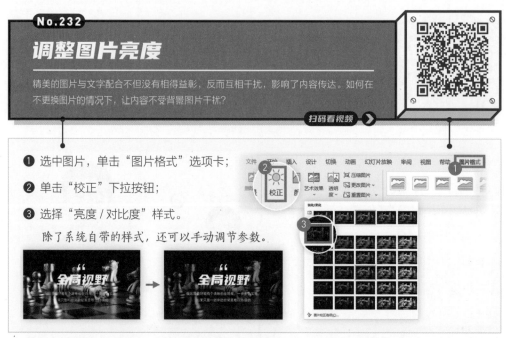

No.233

AI智能无损放大图片

在制作PPT时，有时不得不使用清晰度不高的图片，这会影响图片的细节呈现。怎么办？使用OfficePLUS插件AI工具就可以无损放大图片的清晰度。

扫码看视频

在微软 *OfficePLUS* 官网下载并安装插件。

❶ 选中图片，单击"OfficePLUS"选项卡；

❷ 单击"图片美化"按钮；

❸ 上传图片待调整完成后，单击"插入"按钮。

　　AI 会自动处理图片清晰度，左侧为原图效果，右侧有美化后的效果。

No.234

压缩图片大小

PPT中经常要插入大量的图片素材，但做完常常发现PPT文件特别大，不方便文件的传输或者播放，能不能在保证清晰度的同时压缩图片大小？

扫码看视频 ➤

❶ 选中图片，单击"图片格式"选项卡；

❷ 单击"压缩图片"按钮；

❸ 选择"分辨率"中的Web格式；

　Web格式适合网上传播或投影使用，能在保证清晰度的同时压缩图片大小。如果想要压缩所有图片，可取消勾选"仅应用于此图片"复选框。

❹ 单击"确定"按钮。

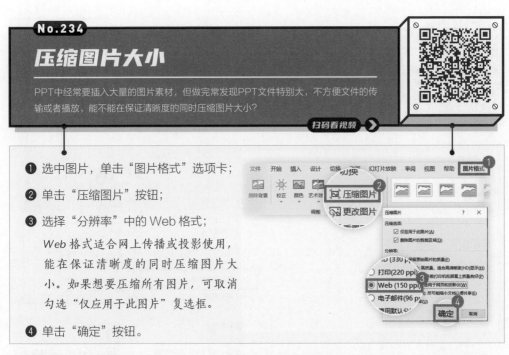

No.235

还原图片原有格式

有时将图片进行了裁剪或其他设置，然后想用回原图，可能还得再次一步步点击参数设置将图片还原，那么有没有更加简单快捷的方法？

扫码看视频 ➤

❶ 选中图片，单击"图片格式"选项卡；

❷ 单击"重置图片"下拉按钮；

❸ 单击"重置图片和大小"命令。

　"重置图片和大小"会还原图片的原本形状格式以及大小比例。

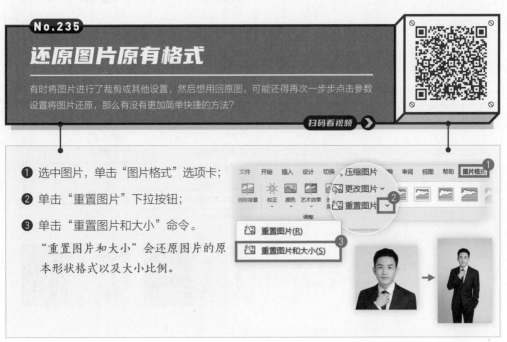

No.236

图片阴影/发光/柔化/三维效果

在展示图片的时候，有时候需要设置阴影、发光、柔化、三维旋转等效果，来诠释主题的含义，如何对图片进行效果的设置呢？

扫码看视频

技巧一（设置图片阴影效果）：

❶ 选中图片，单击鼠标右键，单击"设置图片格式"命令；

❷ 单击"效果－阴影"；

❸ 在"预设"中选择预设样式；
本案例以"透视－左上"为例

❹ 调整阴影的各项参数。
给元素添加阴影效果后，能够让画面更有层次感，具体的阴影参数可根据画面实际效果做调整。

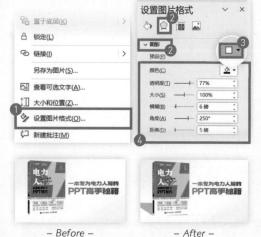

– Before –　　– After –

技巧二（设置图片发光效果）：

❶ 选中图片，单击鼠标右键，单击"设置图片格式"命令；

❷ 单击"效果－发光"；

❸ 在"预设"中选择预设样式；
本案例以"金色，主题色4"为例

❹ 调整发光大小和透明度。
给元素添加发光效果后，能够让画面主体更突出，发光效果参数可根据画面实际效果调整。

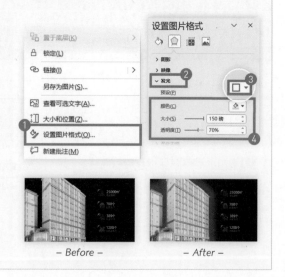

– Before –　　– After –

技巧三（设置图片柔化效果）：

❶ 用裁剪功能将图片一分为三，裁剪出图片人物及两侧的留白背景区域；

❷ 按住【Ctrl】键的同时选中左右两张留白背景图片；

❸ 单击鼠标右键，单击"设置图片格式"命令；

❹ 单击"效果 – 柔化边缘"；

❺ 在"预设"中选择预设样式；

　根据照片的情况选择合适的柔化程度，本案例选择了"50磅"。

❻ 选中柔化边缘后的两张图片，按住【Ctrl+Shift】快捷键，用鼠标拖曳对角的小白点放大图片至超出画布之外即可。

　利用柔化效果可以弥补图片的空缺，让颜色过渡不过于生硬。

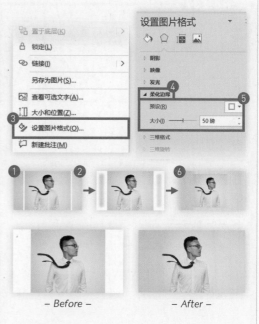

– Before – 　　 – After –

技巧四（设置图片三维旋转效果）：

❶ 选中图片，单击鼠标右键，单击"设置图片格式"命令；

❷ 单击"效果 – 三维旋转"；

❸ 在"预设"中选择预设样式；

　本案例以"角度 – 透视：左"为例

❹ 调整三维旋转的各项参数。

　给元素添加三维旋转效果后，能够让平淡无奇的画面更有空间感。

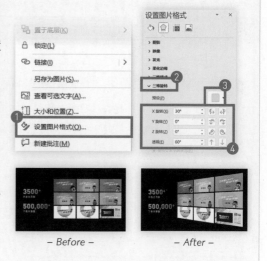

– Before – 　　 – After –

No.237

去除Logo底色

Logo经常带有白底，放在PPT上很不协调。如何才能快速去除白底？其实并不需要用到Photoshop，用Office一秒钟轻松搞定！

扫码看视频

❶ 选中Logo，单击"图片格式"选项卡；

❷ 单击"颜色"下拉按钮；

❸ 单击"设置透明色"命令；

❹ 光标变成画笔形状后单击图片白色区域。

去除Logo底色要求原始图片质量较高，否则容易出现白边。

No.238

Logo转白色

Logo去掉底色后，遇到跟Logo颜色接近的底色会看不清，但一般不允许随意更换Logo的色调，只能进行反白或反黑。如何把Logo变成白色？

扫码看视频

❶ 选中去除底色的Logo，按快捷键【Ctrl+C】复制，单击鼠标右键，在"粘贴选项"中单击"粘贴为图片"命令；

❷ 再选中粘贴为图片的Logo，单击鼠标右键，单击"设置图片格式"命令；

❸ 单击"图片"选项卡；

❹ 单击"图片校正"选项，将"亮度"调成为100%，即可将Logo变成白色。

取Logo颜色

No.239

公司规定PPT必须以公司Logo的颜色为主色调，那么如何才能从Logo取色，得到公司Logo的颜色呢？

扫码看视频

本案例以修改形状颜色为例：

❶ 选中形状，单击"形状格式"选项卡；

❷ 单击"形状填充"下拉按钮；

❸ 单击"取色器"命令；

❹ 当鼠标指针变成吸管形状时将之移动到 Logo 中取色。

Logo半透明

No.240

老板要求Logo要大！可版面就这么大，如何满足老板的需求？其实只需打破"惯性思维"，将Logo放大的同时半透明化，既能放大Logo，又不影响版面内容！

扫码看视频

❶ 选中 Logo，单击"图片格式"选项卡；

❷ 单击"透明度"下拉按钮；

❸ 根据具体效果选择透明程度。

"透明度"功能要求软件版本为 Office 2019 或 Microsoft 365，而且调完透明度最好保存为图片，以免低版本播放无法显示透明效果。

在低版本中，可以结合形状填充来实现图片半透明效果，详见本技巧视频。

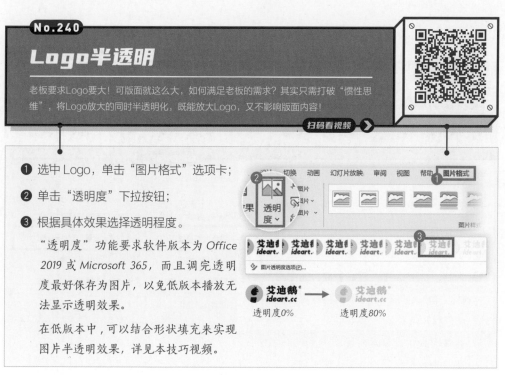

No.241

绘制直线/曲线

线条是制作PPT时会高频使用到的元素，可以用来引导视线、划分内容等。直线与曲线是应用频率最高的线条类型，那么到底应该如何来绘制呢？

扫码看视频

❶ 单击"插入"选项卡；

❷ 单击"形状"下拉按钮；

❸ 单击"线条"-"直线"，按住【Shift】键进行绘制，可得到水平或垂直的直线；

❹ 单击"线条 – 曲线"，绘制时单击鼠标左键建立起始点，再次单击时，可以调整曲线的弯曲角度，双击即可终止绘制。

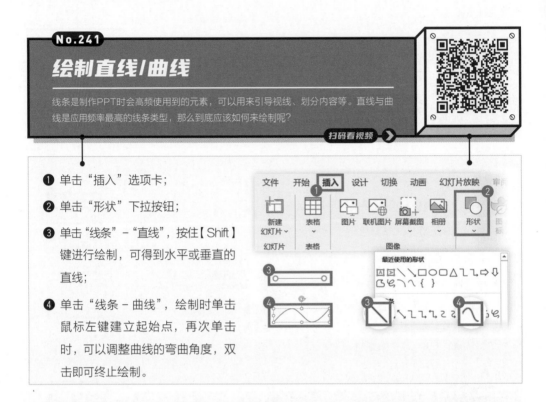

No.242

设置默认线条/形状

每次插入线条/形状后都需要一个个调整参数，但大部分情况下参数都是一样的，有没有办法一次性设置好？

扫码看视频

❶ 绘制一根线条并调整好参数，选中线条，单击鼠标右键，单击"设置为默认线条"命令；

❷ 绘制一个形状并调整好参数，选中形状，单击鼠标右键，单击"设置为默认形状"命令。

设置好默认线条与形状后，下次再插入线条或形状时，会默认使用调整后的样式，就不需要再频繁修改参数了。

No.243

修改形状颜色与透明度

当需要在图片上放文字时，经常会出现图片很亮或主体较为杂乱，文字放上去后不容易识别的情况。如何在不修改图片的前提下，让文字呈现更清晰？一个形状即可解决！

扫码看视频 ➤

❶ 绘制并选中形状，单击鼠标右键，单击"设置形状格式"命令；

❷ 单击"填充 – 纯色填充"；

❸ "颜色"选择为黑色；

❹ 修改透明度（参数仅供参考）。

　本案例为弱化图片干扰，选择了黑色，具体的颜色和透明度可根据实际情况灵活调整。

No.244

为形状填充渐变/图案

纯色形状过于平淡，不妨试试用渐变或图案填充形状，能够让PPT变得更有设计感。那么，如何为形状填充渐变或图案呢？

扫码看视频 ➤

❶ 绘制并选中形状，单击鼠标右键，单击"设置形状格式"命令；

❷ 单击"填充 – 渐变填充"，修改方向、渐变光圈、颜色等参数；

❸ 单击"填充 – 图案填充"，修改图案类型、前景、背景等参数。

　具体操作与案例效果，可观看配套视频深入学习。

No.245
快速更改形状

插入形状后，突然觉得之前插入的形状不合适，但是已经排好版了，重新插入形状又得反复调整，能不能在原有图形上快速更改形状？

扫码看视频

本案例以将矩形更改为平行四边形为例：

❶ 选中矩形，单击"形状格式"选项卡；

❷ 单击"编辑形状"下拉按钮；

❸ 单击"更改形状"命令；

❹ 选择"平行四边形"。

No.246
编辑图形的顶点

Office的默认图形有上百种，但都是固定的基础图形，如何对形状进行编辑得到更丰富的效果呢？

扫码看视频

❶ 任意插入并选中基础图形，以矩形为例；

❷ 右击图形并单击"编辑顶点"命令；

❸ 单击小黑点调整杠杆得到需要的图形。

　　进入编辑顶点状态后，形状的每个角都会出现小黑点，单击小黑点后拖动附近出现的小白点会出现杠杆，可以任意调整形状。

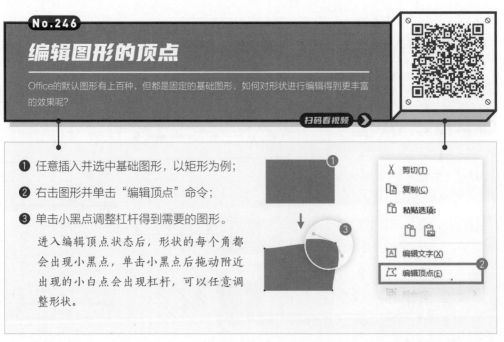

No.247

合并形状功能

合并形状是Office中特别强大的功能，利用5种运算模式可以做出任意的图形效果，从而增强PPT中的设计感。那么合并形状功能到底如何来使用呢？

扫码看视频

本案例以两个圆形为例：

1 选中圆形，单击"形状格式"选项卡；

2 单击"合并形状"下拉按钮；

3 单击要执行的命令。

　　先选中的形状样式决定了最终的样式，本案例先选橙色圆形，后选灰色圆形。

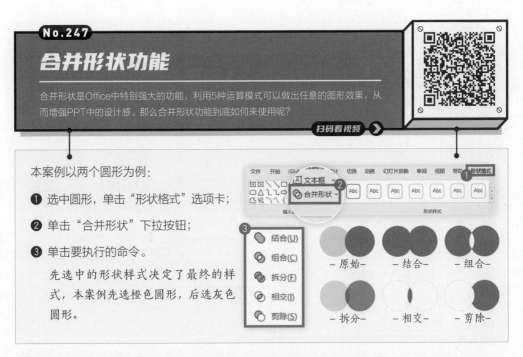

No.248

设置文本竖排

做与历史相关的PPT时文本经常是竖排的。原先插入的文本框是横排的，有没有什么方法能够直接把横排文本变成竖排文本？

扫码看视频

1 选中文本，单击"开始"选项卡；

2 单击"文字方向"下拉按钮；

3 单击"竖排"命令。

　　即可把横排文本变成竖排文本。

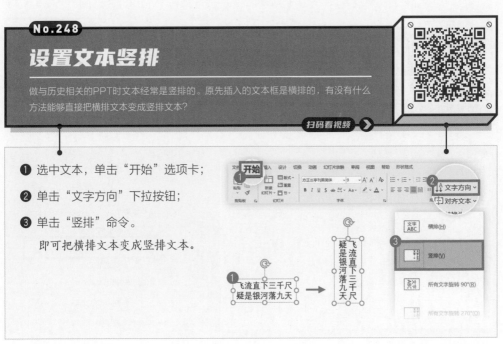

No.249

一键替换字体

职场人做PPT经常需要修改字体，比如把同事所做的PPT中的宋体改成微软雅黑，如果是一个一个改得改到什么时候！有没有更简单的修改方法？

扫码看视频 >>

❶ 单击"开始"选项卡；

❷ 单击"替换"下拉按钮；

❸ 单击"替换字体"命令；

❹ 选择替换与被替换字体；
  "替换"处选择原使用字体，
  "替换为"处选择最终想要的字体。

❺ 单击"替换"按钮。

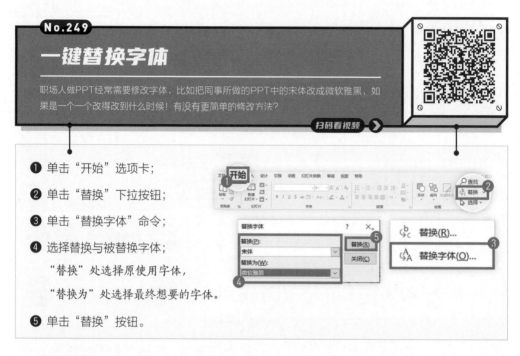

No.250

设置默认文本框

新插入文本时，每次都需要修改字体的字号、粗细、颜色等参数，虽然修改不难，但修改次数多就特别耗时间。能不能修改文本的默认样式，"一次到位"？

扫码看视频 >>

❶ 选中设置好参数的文本样式；

❷ 单击鼠标右键，单击"设置为默认文本框"命令。
  下次再插入文本框时会默认使用之前设置的文本框参数，无须反复修改。

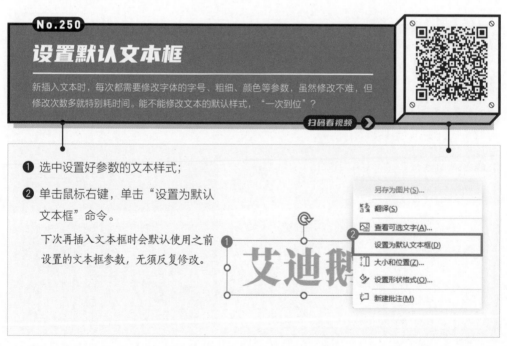

No.251

快速插入公式

很多人是通过拍照或截图把公式贴在PPT中的，但由于图片有底色，看起来往往不够美观。那么，如何才能在PPT中输入公式呢？

扫码看视频

❶ 单击"插入"选项卡；

❷ 单击"公式"下拉按钮；

❸ 单击想要插入的公式。

选择"墨迹公式"可以手写输入公式，系统会自动识别并生成相应的公式。

No.252

快速套用现成样式

已经设置好了一种文字效果，想要快速地应用于其他文本，需要再重新进行设置吗？其实并不需要，利用以下功能就能快速复制样式！

扫码看视频

❶ 选中特殊效果的文本；

❷ 单击"开始"选项卡；

❸ 单击"格式刷"命令；

❹ 选中要应用相应效果的文本。

双击格式刷可以进行批量复制，形状、图片等效果也可以使用格式刷复制。

格式复制快捷键为【Ctrl+Shift+C】，格式粘贴快捷键为【Ctrl+Shift+V】。

No.253

文本添加阴影/发光/立体效果

在设计文字时，有时候需要设置阴影、发光、柔化、三维旋转等效果，从而让文字更醒目，更有设计感，如何对文本进行效果的设置呢？

扫码看视频

技巧一（设置文本阴影效果）：

❶ 选中文本，单击鼠标右键，单击"设置文字效果格式"命令；

❷ 单击"文本选项–阴影"；

❸ 在"预设"中选择预设样式；

　本案例以"外部–偏移右下"为例。

❹ 调整阴影的各项参数。

　给文本添加阴影效果后，能够让文本更有层次感，阴影参数可根据画面效果决定。

– Before –　　　　– After –

技巧二（设置文本发光效果）：

❶ 选中文本，单击鼠标右键，单击"设置文字效果格式"命令；

❷ 单击"文本选项–发光"；

❸ 在"预设"中选择预设样式；

　本案例以"橙色–主题2"为例。

❹ 调整发光大小和透明度。

　给文本添加发光效果后，能够让画面主体更突出，发光效果参数可根据画面实际效果调整。

– Before –　　　　– After –

技巧三（设置文本立体效果）：

❶ 选中文本，单击鼠标右键，单击
  "设置文字效果格式"命令；

❷ 单击"文本选项–三维格式"；

❸ 在"深度"中将大小设置为80磅；

❹ 单击"三维旋转"–"预设"–"角
  度"–"透视：前"命令；

❺ 调整三维旋转的各项参数。

  给文本添加立体效果后，能让文本
  变得更加厚重、有力量感，让关键
  信息更加醒目，同时还能够增加设
  计感。

– Before –

– After –

技巧四（设置文本三维旋转效果）：

❶ 选中文本，单击鼠标右键，单击"设
  置文字效果格式"命令；

❷ 单击"文本选项–三维旋转"；

❸ 在"预设"中选择预设样式；
  本案例以"角度–宽松"为例。

❹ 调整三维旋转的各项参数。

  给文本添加三维旋转效果后，能够
  让平淡无奇的画面更有空间感。

– Before –   – After –

No.254

清除文本所有格式

领导发了份PPT要你修改，你打开PPT发现里面的文本加了各种"花里胡哨"的文字特效，挨个取消参数或重新输入文字都特别麻烦，有没有什么办法能快速去除格式？

扫码看视频

❶ 选中文本，单击"开始"选项卡；

❷ 单击"字体 – 清除所有格式"。

　　清除所选内容的所有格式，默认还原为主题字体设置的文本格式。

– 原始文本 –　　　　　　　– 清除格式文本 –

No.255

创建项目符号/编号列表

在PPT中表示多个并列观点时，为了形成差异，会在文本前面添加项目符号或编号。那么，如何在PPT中创建项目符号和编号呢？

扫码看视频

❶ 选中文本，单击"开始"选项卡；

❷ 单击"项目符号"下拉按钮，选择想要的项目符号样式即可；

❸ 单击"编号"下拉按钮，选择想要的编号样式即可。

　　除了默认样式，单击"项目符号和编号"命令可修改项目符号和编号的大小和颜色等，也可以自定义项目符号的图形样式等。

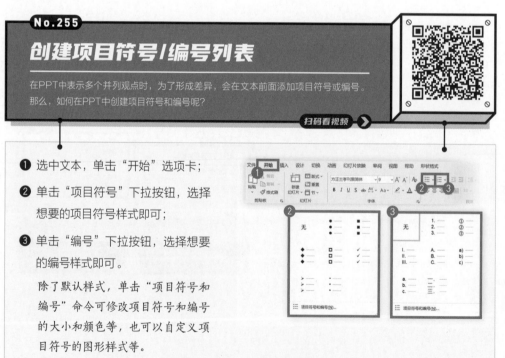

No.256

调整文本字符间距

默认的文本字符间距很窄，如何才能调整文本的字符间距？

扫码看视频 ▶

❶ 选中文本，单击"开始"选项卡；

❷ 单击"字符间距"按钮；

❸ 选择想要修改的字符间距类型。

单击"其他间距"可自定义间距度量值。

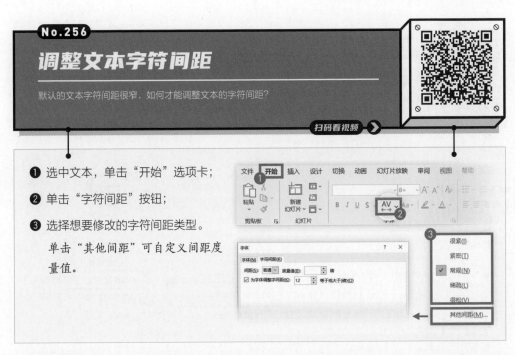

No.257

调整文本行距/段距

行距和段距一定程度上会影响阅读体验，太窄会显得拥挤，太宽会显得内容关联度不强。如何才能调整文本的行距与段距呢？

扫码看视频 ▶

❶ 选中文本，单击"开始"选项卡；

❷ 单击"段落"扩展按钮；

❸ 在"间距"选项中可调整段前/后间距。

❹ 在"行距"选项中可调整行距。

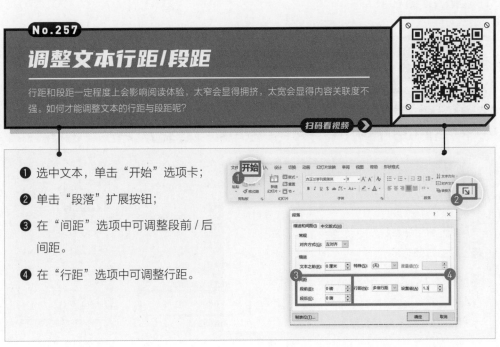

No.258

文本框溢出时缩排文字

在文本框输入文字时，有时候想保持文本框的大小不变，如果文字超过了文本框的大小，会自动缩小文本的字号以达到排版不错乱，应该如何设置？

扫码看视频

❶ 选中文本框，单击鼠标右键，单击"设置形状格式"命令；

❷ 单击"文本选项"选项卡；

❸ 单击"文本框"命令；

❹ 单击"溢出时缩排文字"单选按钮。

如果要文本框随文本内容多少来调整，可单击"根据文字调整形状大小"单选按钮。

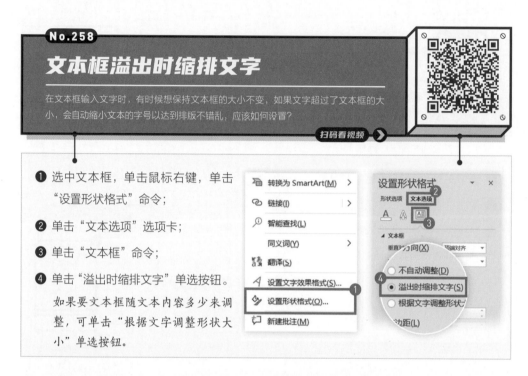

No.259

删除文本框四周边距

做文本对齐时，经常发现文本框上、下、左、右都有边距，而且有时候边距还不一样，导致文本总是对不齐。如何才能将四周的边距删除？

扫码看视频

❶ 选中文本框，单击鼠标右键，单击"设置形状格式"命令；

❷ 单击"文本选项"选项卡；

❸ 单击"文本框"命令；

❹ 将上、下、左、右边距全部改成 0 厘米。

如果不想重复修改，可以修改一次之后，将该文本框设置为默认文本框。

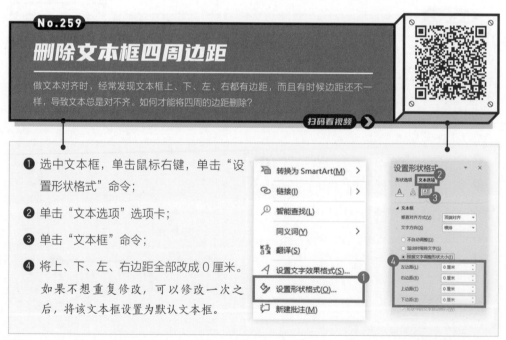

No.260

AI一键搞定排版

PPT排版是许多人最头疼的环节，常常遇到白底黑字的PPT不知道如何下手。但是，利用微软Office的设计器功能，只需一键操作，就能轻松搞定排版问题！

扫码看视频 >

❶ 单击"设计"选项卡；

❷ 单击"设计器"按钮；

❸ 弹出窗口后，选择合适的排版样式。

此功能仅适用于 Office 365 版本，它能够根据页面内容的构成（如文本或图片），提供相应的版式供你选择，只需从中挑选即可。

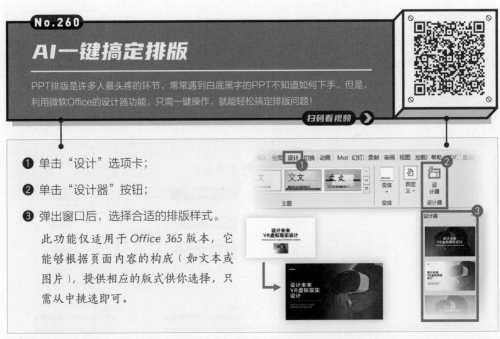

No.261

文本转SmartArt图形

大部分人使用SmartArt图形，都是先插入SmartArt图形，然后再输入文本。其实，文本是可以直接转SmartArt的！

扫码看视频 >

❶ 选中正文，按【Tab】键，调整层级；

❷ 在文本框内部，单击鼠标右键，单击"转换为 SmartArt"命令；

❸ 选择与文本逻辑匹配的图形。

本案例以"垂直项目符号列表"为例，单击底部的"其他 SmartArt 图形"可找到更多的图形。

No.262

修改SmartArt图形的形状和样式

如果对所选的SmartArt图形的形状或样式不满意，需要重新输入文本进行转换吗？并不需要，形状和样式都可以一键更改！

扫码看视频 >

修改 SmartArt 图形形状：

❶ 按【Ctrl】键，连续选中 SmartArt 图形中的形状；

❷ 单击鼠标右键，单击"更改形状"命令；

❸ 选择自己喜欢的形状即可。

　本案例以"箭头总汇－五边形"为例。PPT 中默认形状有上百种，掌握这个技巧意味着一个样式就能有上百种演变的形式，排版更丰富。

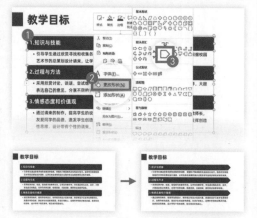

修改 SmartArt 图形样式：

❶ 选中 SmartArt 图形，单击"SmartArt 设计"选项卡；

❷ 单击"版式"下拉按钮；

❸ 选择跟内容匹配的 SmartArt 图形样式。

　本案例以更改为"梯形列表"为例，单击"其他布局"可显示所有图形。SmartArt 的智能之处在于，无论样式怎么换，都能够帮你自动完成排版，而且文字都不会超出色块范围！

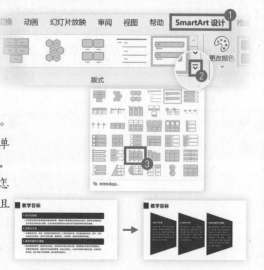

No.263

SmartArt图形转文本

文本变成SmartArt图形后，如果觉得不满意要变回文本，需要把文本复制出来吗？
其实SmartArt图形也可以一键转回文本！

扫码看视频 ➤

① 选中 SmartArt 图形，单击
　"SmartArt 设计"选项卡；

② 单击"转换"下拉按钮；

③ 单击"转换为文本"命令。

　"转换为文本"即将 SmartArt 图形
　变回文本初始状态，不保留形状。

　"转换为形状"即把 SmartArt 图形
　变成普通的可编辑形状和文本。

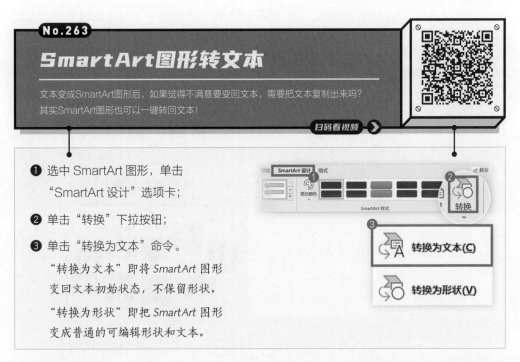

No.264

一键制作组织结构图

绘制组织架构图，你还在手动插入色块、线条吗？这样做不仅效率低，还不方便调整。利用SmartArt图形一键就能搞定！

扫码看视频 ➤

① 选中正文，按【Tab】键，调整内容层级；

② 在文本框内部，单击鼠标右键，单击
　"转换为 SmartArt"命令；

③ 单击"组织结构图"图形样式命令。

　单击底部的"其他 SmartArt 图形"，在
　"层级关系"列表中可找到更多的组织
　结构图的图形。

No.265
一键完成多图排版

做团队介绍时，经常要对多张图片进行排版，手动调整大小、对齐特别麻烦。有没有更简单、快捷的方法？其实利用SmartArt可以一键搞定多图排版！

扫码看视频 >

❶ 插入图片，并将图片全部框选中；
当图形四周出现圆点则表示被选中。

❷ 单击"图片格式"选项卡；
❸ 单击"图片版式"下拉按钮；
❹ 选择自己喜欢的版式；
本案例以"题注图片"版式为例。

❺ 输入相应的文字说明。

通过这个方法，就能够满足团队介绍、部门介绍等任何多图排版的场景需求！

需要注意，图片转为 SmartArt 版式后无法还原图片最初的模式，只能重新插入。

No.266

修改表格标题行/填充色/边框线

插入表格后，发现默认的表格填充颜色与边框线颜色等不符合自己的要求，如何才能进行修改？

扫码看视频

修改表格标题行：

❶ 选中表格，单击"表设计"选项卡；

❷ 单击"标题行"复选框，取消勾选。

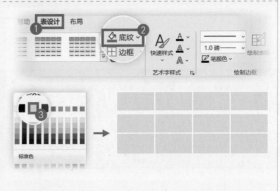

– 有标题行–　　　　　– 没标题行–

修改表格填充色：

❶ 选中表格，单击"表设计"选项卡；

❷ 单击"底纹"下拉按钮；

❸ 选择要修改的颜色即可。

　本案例以将全部表格改成灰色为例。

　如果要将整个表格统一修改为某个颜色可以全选，如果只修改局部颜色可只选择局部。

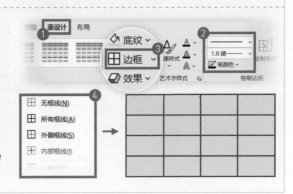

修改表格边框色：

❶ 选中表格，单击"表设计"选项卡；

❷ 选择边框线的磅数、颜色等参数；

❸ 单击"边框"下拉按钮；

❹ 选择想要修改的边框线选项。

　本案例将所有框线全部改为宽度1磅，颜色为深灰色。

No.267

应用/清除表格样式

对默认插入的表格样式不满意，时间紧急没有时间精心雕琢，有没有快速美化的方法？对表格进行美化后，觉得不满意，想要删除一些效果能不能一键搞定？

扫码看视频

❶ 选中表格，单击"表设计"选项卡；

❷ 单击"表格样式"下拉按钮；

❸ 选择任意表格样式即可快速美化；

❹ 单击"清除表格"命令可清除样式。

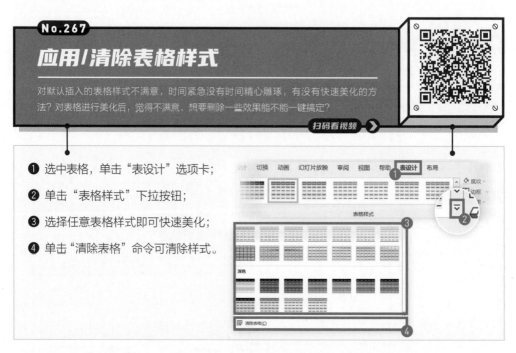

No.268

新增表格行和列

插入表格后，发现行数或列数不够用，如何在已有的基础上新增表格行或列？

扫码看视频

❶ 选中表格，单击"布局"选项卡；

❷ 在"行和列"中单击相应的按钮可在不同位置中插入新的表格。

要在特定行添加表格，需单独选中该行表格。比如想在第三行下添加表格，要先选中第三行再单击"在下方插入"。

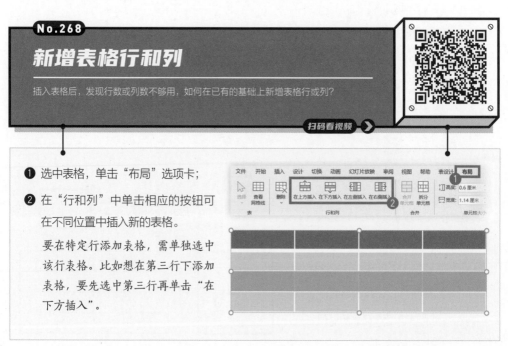

No.269

修改整个表格大小

插入表格时，表格大小是默认的，能不能自由控制表格单元格的高度和宽度，进而调整整个表格的大小？

扫码看视频

❶ 选中表格，单击"布局"选项卡；

❷ 在"高度"与"宽度"中输入数值。

本案例以修改为1厘米 ×1厘米的正方形表格为例。

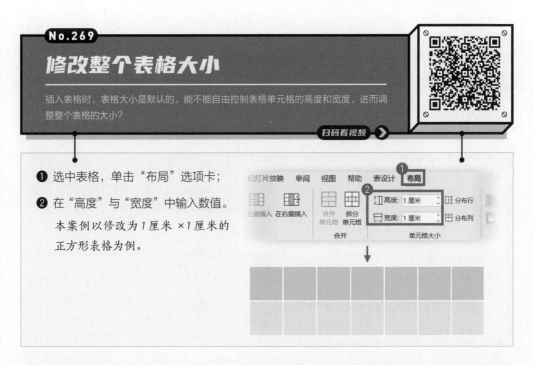

No.270

统一表格单元格大小

表格单元格大小不一致，很多人都是直接拖动框线来调整，来回拖动半天，可能发现更不一致了。有没有简单、快捷的方法能够统一单元格大小？

扫码看视频

❶ 选中想要调整大小的表格单元格；

❷ 单击"布局"选项卡；

❸ 单击"分布行"与"分布列"按钮。

单击"分布行"则每行单元格高度一致，单击"分布列"则每列单元格宽度一致。

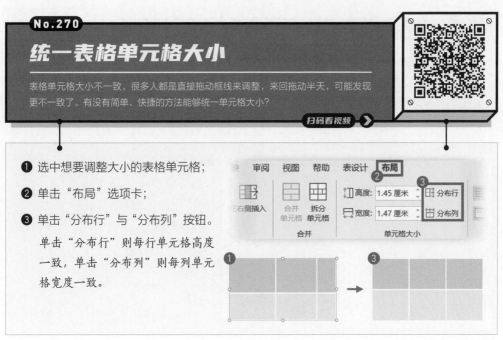

No.271
合并/拆分单元格

使用表格时，经常需要将多个单元格合并为一个单元格或将一个单元格拆分为多个单元格，那么如何对表格进行合并或拆分呢？

扫码看视频

❶ 选中要合并/拆分的表格单元格；

❷ 单击"布局"选项卡；

❸ 单击"合并单元格"按钮即可合并；

本案例以合并4个单元格为例。

❹ 单击"拆分单元格"按钮即可拆分。

本案例以将两个单元格分别拆分为

2列与1行为例。

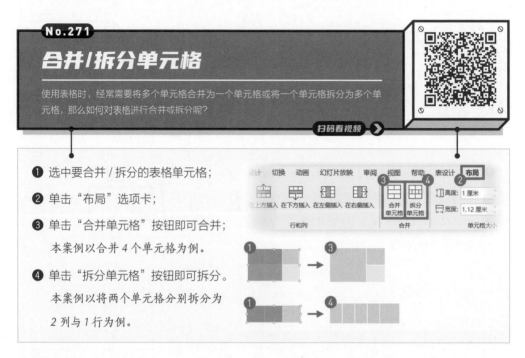

No.272
修改表格内容对齐方式

在表格中输入内容时，默认都是左上对齐的，内容较少时右侧会显得很空。如何才能修改表格内容的对齐方式？

扫码看视频

❶ 选中想要调整的表格单元格；

❷ 单击"布局"选项卡；

❸ 选择想要修改的对齐方式。

本案例以水平居中与垂直居中为例。

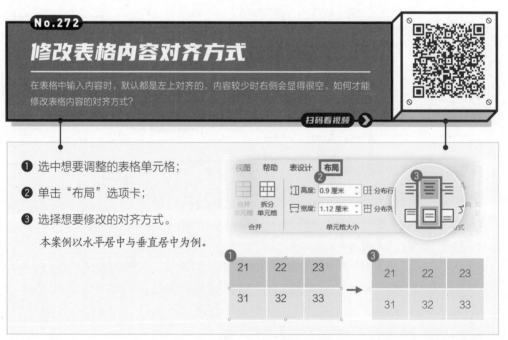

No.273

表格填充图片

表格在"高手"手中是一个非常好用的排版工具，他们经常会将图片填充到表格中，做出有创意的排版。那么如何将图片填充至表格？

扫码看视频 ➤

❶ 插入与图片等大的表格；

❷ 按快捷键【Ctrl+X】剪切图片；

❸ 选中整个表格，单击鼠标右键，单击"设置形状格式"命令；

❹ 单击"填充 - 图片或纹理填充"选项；

❺ 单击"图片源 - 剪贴板"；

❻ 勾选"将图片平铺为纹理"复选框。

No.274

插入图表

在汇报数据时，用图表呈现会比用表格来得更加直观，能更直观呈现趋势与变化。那么如何在PPT中插入图表呢？

扫码看视频 ➤

❶ 单击"插入"选项卡；

❷ 单击"图表"按钮；

❸ 弹出对话框后，选择要插入的图表类型。

　　选择图表时，需要"选对图表"，才能将数据背后的含义充分表达。

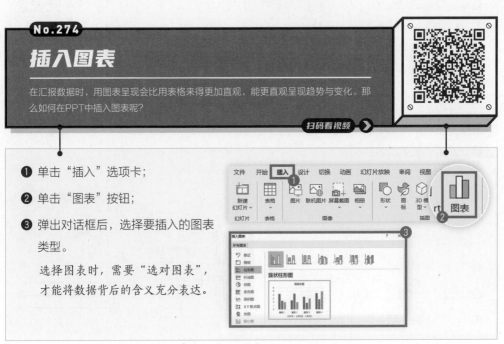

No.275

修改图表元素/颜色/间距/宽度

默认的图表通常带有标题、网格线、坐标轴等元素，并且颜色和图表间距等都是预设好的。如果对默认效果不满意，如何讲行修改？

扫码看视频

修改图表元素：

❶ 选中图表，单击右上角"+"按钮；

❷ 在"图表元素"列表中选择要添加（勾选）或删除（取消勾选）的图表元素。

在图表中选中元素，按快捷键【Delete】可以快速删除。

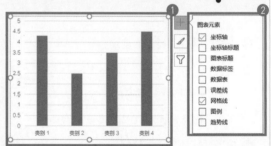

修改图表颜色：

❶ 选中要修改颜色的数据系列；

单击数据系列形状一次可以全部选中，双击单个数据点形状可以单独选中。

选中的标识是四周会有小蓝点。

❷ 单击"格式"选项卡；

❸ 单击"形状填充"下拉按钮；

❹ 勾选要修改的颜色。

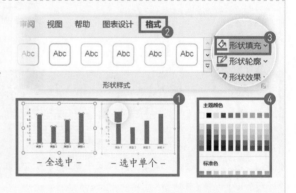

修改数据系列间距和宽度：

❶ 选中数据系列，单击鼠标右键，单击"设置数据系列格式"命令；

❷ 单击"系列选项"选项卡；

❸ 通过"系列重叠"可调整图表间距；

❹ 通过"间隙宽度"可调整图表宽度。

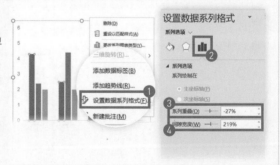

No.276

修改坐标轴的边界值/单位

默认的图表起始值为0，坐标轴单位会根据数据大小自动生成。如果不符合自己的要求，求，如何进行修改？

扫码看视频 ➤

❶ 选中坐标轴，单击鼠标右键，单击"设置坐标轴格式"命令；

❷ 单击"坐标轴选项"选项卡；

❸ 在"边界"修改坐标轴的最大和最小值；

❹ 在"单位"修改坐标轴的单位大小值。

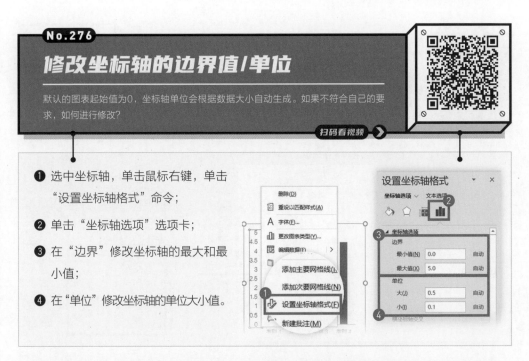

No.277

制作创意柱形图

以柱状图为例，默认柱状图的图形都是矩形，缺乏新意。能不能够修改图表本身的形状，从而增强设计感，做出有创意的柱形图呢？

扫码看视频 ➤

❶ 绘制三角形，按快捷键【Ctrl+C】复制；

❷ 选中整个图表；

❸ 按快捷键【Ctrl+V】进行粘贴。

通过复制、粘贴的形式可以更换图表的形状，但是更改完形状无法直接编辑修改颜色等，需重新绘制形状更换颜色等后，再粘贴到图表中。

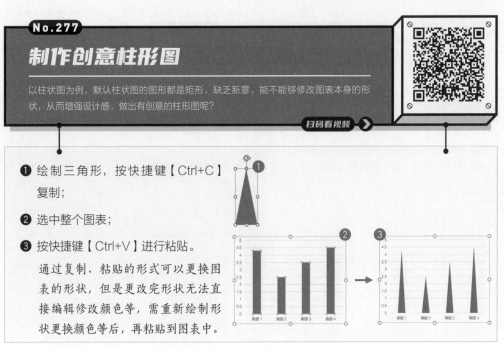

201

扫码看视频 ➤

No.278

修改折线图的线条和标记点

默认的折线图线条都是直线，且数据节点不够明晰。如何把线条变成曲线并且给每个数据节点添加数据？

❶ 选中图表，单击鼠标右键，在快捷菜单中单击"设置数据系列格式"命令；

❷ 单击"线条"选项卡，勾选"平滑线"复选框，可改为曲线；

❸ 单击"标记"选项卡，单击"标记选项"-"内置"单选按钮，可修改标记点的类型、大小、颜色等参数。

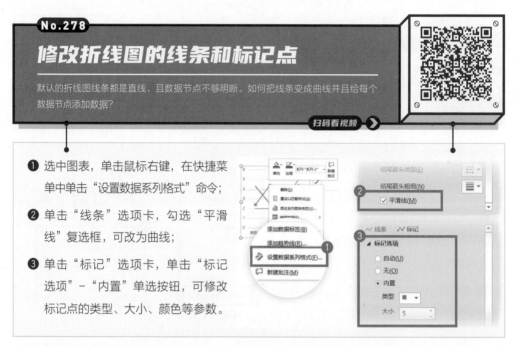

No.279

给对象添加动画效果

有时候为了配合演讲，不希望所有内容全部同步出现，又或者是想对重点内容进行强调，经常需要动画的辅助。那么，如何给对象添加动画？

扫码看视频 ➤

❶ 选中对象，单击"动画"选项卡；

❷ 单击"动画"下拉按钮；

❸ 选择要添加的动画效果。

　　在普通界面上添加动画只能添加单个动画，多个动画要通过"添加动画"的命令来添加。

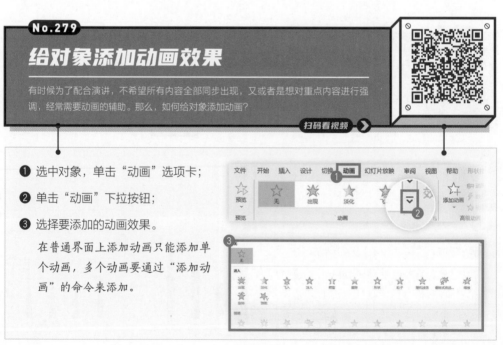

No.280

修改已添加的动画

给元素添加完动画后，发现效果不太合适，怎样才能看到已添加的动画，如何才能修改已添加的动画？

扫码看视频 ❯

❶ 单击"动画"选项卡；

❷ 单击"动画窗格"按钮；

❸ "动画窗格"会出现在编辑区的右侧；

在此能看到已添加的动画，还可以调整动画顺序、动画播放方式等。

❹ 选中要修改的动画，重新选择动画。

No.281

调整动画出现的方向/序列

每个动画都有默认的出现方向，若跟自己预期的不符合，如何才能调整动画的出现方向？

扫码看视频 ❯

❶ 选中元素，单击"动画"选项卡；

❷ 单击"效果选项"下拉按钮；

❸ 选择动画出现的方向或序列。

不同动画能够出现的路径是不一样的，本案例以"擦除"动画为例。

给文本或图表等元素添加的动画，才能够修改动画序列。

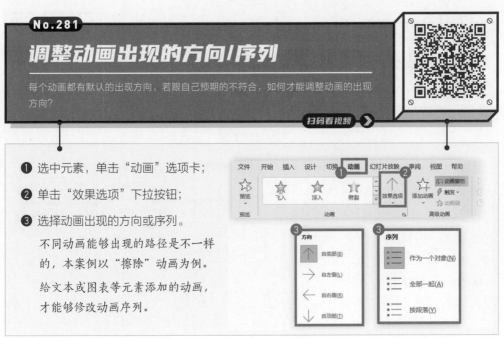

203

No.282

设置动画播放方式

为了配合演讲者的演讲，有时候希望有些动画一次性出现完，有些动画单击一次出现一个动画。如何设置动画播放的方式？

扫码看视频 >

❶ 单击"动画"选项卡；

❷ 单击"动画窗格"命令；

❸ 选中动画，单击鼠标右键进行修改。

"单击开始"表示单击后开始播放；

"从上一项开始"表示与上一个动画同时播放；

"从上一项之后开始"表示播放完上一个动画，无须单击直接播放下一个动画。

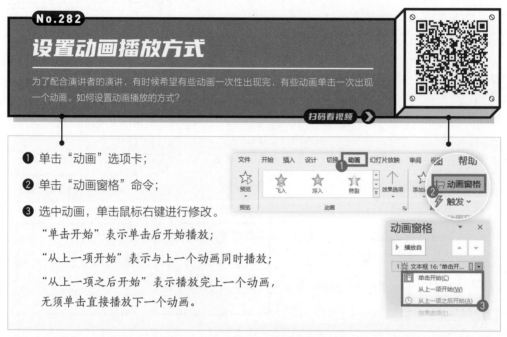

No.283

设置动画持续时间 / 延迟

演示时最尴尬的事情之一可能就是动画在画面中飘半天才显示完整，打乱了演讲者的节奏。如何修改动画持续时间和延迟时间？

扫码看视频 >

❶ 选中元素，单击"动画"选项卡；

❷ 修改"计时 - 持续时间"的时长；

"持续时间"用于控制动画播放的速度，不同动画默认的持续时间不同，具体时长可以根据需求决定。

❸ 修改"计时 - 延迟"的时长。

"延迟"用于控制动画播放的时间间隔。

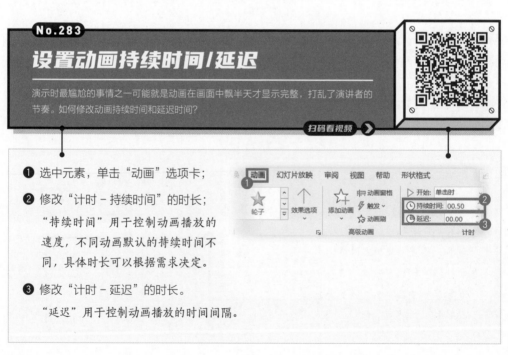

No.284
批量复制/删除动画

添加动画时，经常需要设置各种参数，但有些对象的动画是相同的，能否进行复制？
此外，若添加完动画后收到通知汇报时间需缩短，播放动画会超时，怎么快速删除？

扫码看视频 ➤

批量复制动画：

❶ 选中要复制动画的对象；

❷ 单击"动画"选项卡；

❸ 单击"高级动画"中的"动画刷"；

❹ 鼠标指针变成刷子形状，单击要添加动
画的元素。

单击"动画刷"命令，可以复制一次；

双击"动画刷"命令，可以连续复制；

按【Esc】键可退出动画刷模式。

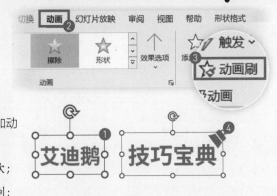

批量删除动画：

❶ 单击"幻灯片放映"选项卡；

❷ 单击"设置幻灯片放映"；

❸ 勾选"放映时不加动画"复选框；

❹ 单击"确定"按钮。

设置完后播放时不会出现动画效果，
下次要使用动画取消勾选"放映时不
加动画"复选框即可。

有没有常用的 PPT 动画模板？
关注微信公众号【老秦】，
回复关键词"动画"，
即可获取"PPT 动画手册"！

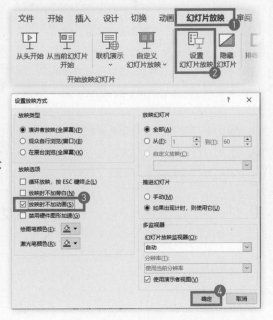

205

No.285
设置动画循环播放

默认动画播放次数是一次，当需借助动画强调重点内容的时候，可能观众没有察觉到，强调效果不明显。能不能让动画循环播放？

扫码看视频

❶ 选中元素，单击"动画"选项卡；

❷ 单击"动画窗格"按钮；

❸ 单击鼠标右键，单击"效果选项"命令；

❹ 单击"计时"选项卡；

❺ 修改"重复"的次数；

❻ 单击"确定"按钮。

No.286
AI一键添加动画

如果你没有时间添加动画，或者没有技术做出酷炫的动画，不要担心！只需使用Motion GO插件，就能轻松添加酷炫动画啦！

扫码看视频

在 Motion GO 官网下载并安装插件。

❶ 选中对象，单击"Motion GO"选项卡；

❷ 单击"在线动画"按钮；

❸ 选择合适的动画效果，单击"下载"按钮。

此功能提供超过 1000 个创意动画，可应用于图片、形状、文本等元素，只需一键应用至页面，简单高效。

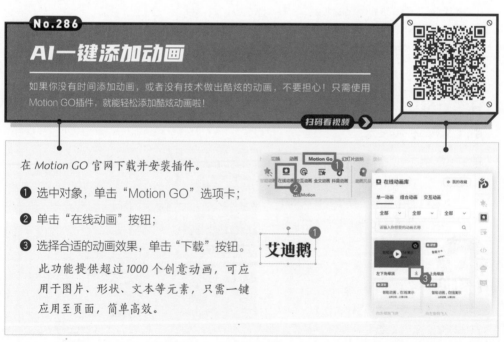

No.287

添加动画音效

有些动画需要配合特定的音效来强化视听效果，如何给动画添加音效？

扫码看视频 ❯❯

❶ 单击"动画"选项卡；

❷ 单击"动画窗格"按钮；

❸ 单击鼠标右键，单击"效果选项"命令；

❹ 单击"效果"选项卡；

❺ 单击"声音"下拉按钮，选择音效；

❻ 单击"确定"按钮。

No.288

设置动画触发器

做抽奖相关的动画时，经常希望单击某一个特定的元素才会触发特定的动画效果，以免泄露其他信息。如何给动画设置触发器？

扫码看视频 ❯❯

❶ 选中元素，单击"动画"选项卡；

❷ 单击"触发"下拉按钮；

❸ 选择动画触发的方式；

本案例以"通过单击"为例。

"通过书签"需插入媒体才能激活。

❹ 选择触发动画的具体元素。

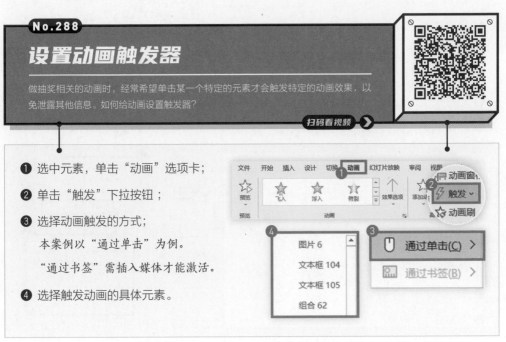

207

No.289

添加与设置切换动画

页与页之间的动画效果，称为切换动画，主要作用包括让页面切换过渡更自然或借助动画表达某种特殊的含义。那么如何进行切换动画的添加与设置？

扫码看视频 >>

添加切换动画：

❶ 选中页面，单击"切换"选项卡；

❷ 单击"切换到此幻灯片"下拉按钮；

❸ 选择要添加的切换动画效果；

   PPT版本不同，切换动画数量也不同。

❹ 单击"应用到全部"可批量添加。

调整切换动画效果选项：

❶ 选中页面，单击"切换"选项卡；

❷ 单击"推入"切换效果按钮；

   本案例以"推入"动画为例。

❸ 单击"效果选项"下拉按钮；

❹ 选择想要修改的切换动画效果选项。

   不同的切换动画效果选项不同。

添加切换动画音效：

❶ 选中页面，单击"切换"选项卡；

❷ 先选择一个切换的效果；

   本案例以"推入"动画为例。

❸ 单击"声音"下拉按钮；

❹ 添加想要的音效。

No.290

设置自动换片时间

我们经常会把PPT做成类似视频的效果，放映后能够不需要干预，自动跳转到下一页。那么如何设置幻灯片的自动换片时间？

扫码看视频 ▶

❶ 选中页面，单击"切换"选项卡；

❷ 勾选"设置自动换片时间"复选框；

❸ 修改换片时长。

　　如果 PPT 里面有动画效果，则会从动画效果全部播放结束开始，经过修改的特定时间后自动切换到下一页。

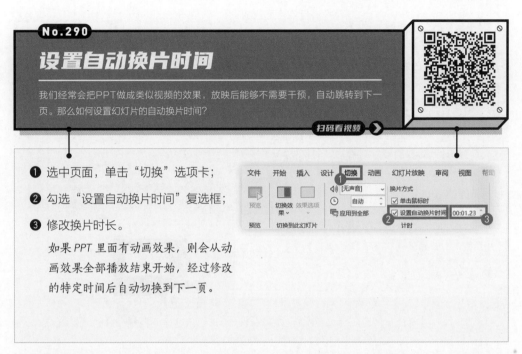

No.291

插入视频/音频

做PPT演示的时候经常需要插入视频以增加真实性，或是插入音频以烘托氛围。那么如何插入视频或音频文件呢？

扫码看视频 ▶

❶ 单击"插入"选项卡；

❷ 单击"视频"下拉按钮；

❸ 单击"PC 上的视频"命令；
　　在计算机中找到视频插入即可。

❹ 单击"音频"下拉按钮；

❺ 单击"PC 上的音频"命令；
　　在计算机中找到音频插入即可。

No.292

截取部分视频播放

一段视频往往很长，但演示时只需要用到其中的十几秒，不会使用专业的剪辑软件怎么办？其实PPT里面就可以轻松实现视频截取！

扫码看视频

❶ 选中视频，单击"播放"选项卡；

❷ 单击"剪裁视频"按钮；

❸ 弹出对话框后，移动滑块截取视频；
   绿色为起始滑块、红色为结束滑块。

❹ 单击"确定"按钮。

No.293

取消视频播放声音

大多数视频都是带有声音的，但有时候希望视频只出现画面，内容由演讲者口述。那么，如何取消视频播放声音？

扫码看视频

❶ 选中视频，单击"播放"选项卡；

❷ 单击"音量"下拉按钮；

❸ 勾选"静音"复选框。

   如果想要视频播放有声音，取消勾选"静音"复选框，选择合适的音量即可。

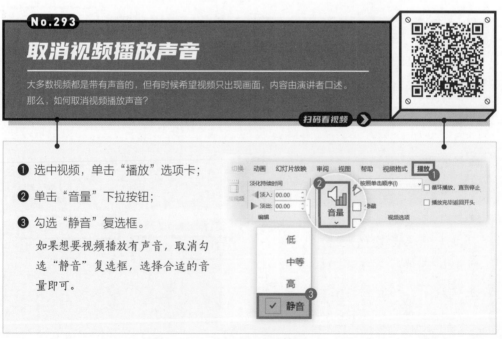

No.294

设置视频的播放方式

视频作为辅助演示的素材，通常需要配合演讲者的节奏，只在需要播放的时候播放。那么，如何自由控制视频播放的方式？

扫码看视频

① 选中视频，单击"播放"选项卡；

② 单击"开始"下拉按钮；

③ 选择想要的视频播放方式。

"按照单击顺序"：单击哪里都能播放；

"自动"：切换到当前页会自动播放；

"单击时"：单击视频播放按钮才能播放。

此外还可以设置视频全屏播放、未播放时隐藏视频、循环播放直到停止等播放方式。

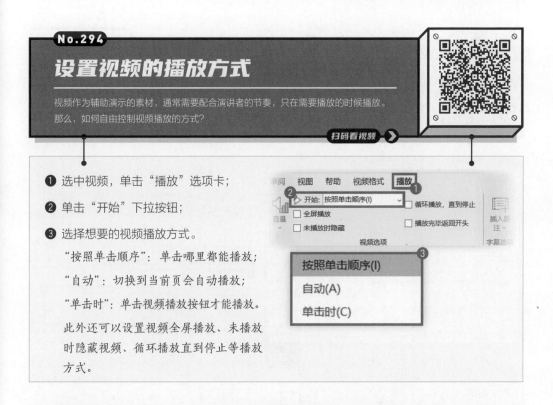

No.295

设置音频的播放方式

若在播放音乐的时候，有多段音乐需接连播放，比如要让PPT前5页播放一个音乐，第6页至第10页播放另外一个音乐，应该如何来设置？

扫码看视频

① 插入音频，单击"动画"选项卡；

② 单击"动画窗格"按钮；

③ 单击鼠标右键，单击"效果选项"命令；

④ 单击"效果"选项卡，在停止播放中修改为在5张幻灯片后。

音频播放到第5页结束后会停止，然后在第6页幻灯片插入另一个音频，到第6页时会开始播放另一个音频。

No.296

将动画导出成视频/GIF

相较于视频软件，PPT的编辑功能强大，操作难度也比较低，所以很多人经常会把PPT添加完动画之后，导出成视频或GIF文件。那么如何将动画导出成视频或GIF？

扫码看视频

将动画导出成视频：

❶ 单击"文件"选项卡；

❷ 单击"导出"命令；

❸ 单击"创建视频"命令；

❹ 修改画质与放映时间等参数；

　　画质越高越清晰，但文件也会越大。

❺ 单击"创建视频"按钮。

　　选择视频存储位置即可。

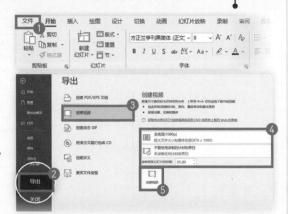

将动画导出成 GIF：

❶ 单击"文件"选项卡；

❷ 单击"导出"命令；

❸ 单击"创建动态 GIF"命令；

❹ 修改画质与放映时间等参数；

　　画质越高越清晰，但文件也会越大。

❺ 单击"创建 GIF"按钮。

　　选择 GIF 存储位置即可。

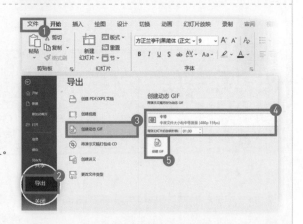

在上台呈现的时候，要做哪些检查以确保演示不出问题？

关注微信公众号【老秦】（ID：laoqinppt），

回复关键词"品控"，即可获取"工作型 PPT 品控手册"，

108 项检查清单，确保你的完美演示！

第 4 篇

Visio

办公应用

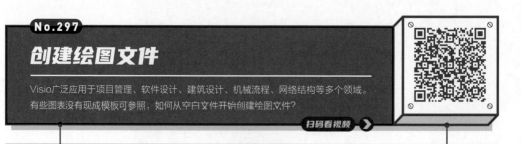

No.297

创建绘图文件

Visio广泛应用于项目管理、软件设计、建筑设计、机械流程、网络结构等多个领域。有些图表没有现成模板可参照，如何从空白文件开始创建绘图文件？

扫码看视频

打开 Visio，或者打开 Visio 绘图文件后单击"文件"菜单切换到右图界面。

❶ 单击"新建"；

❷ 双击"空白绘图"；

就可以直接创建一个完全空白的绘图文件，从"一张白纸"开始绘制流程图、结构图等。

如需根据已有模板创建，可在新建页面上进行以下的操作。

❸ 单击选中其中一种模板，例如选择"基本流程图"；

❹ 在弹出的面板中，单击选中模板查看文件信息；

❺ 单击"创建"按钮。

通过这样的操作，就可以完成绘图文件的创建（在步骤 ❹ 中双击其中一种类型的模板也可直接创建绘图文件）。

企业采用 BPMN 可以简化业务流程。什么是"BPMN"？
关注微信公众号【老秦】（ID：laoqinppt），
回复关键词"visio"，
延伸阅读"到底什么是 BPMN？"。

No.298

添加或删除绘图页

有些工作项目的多个环节需要用到绘图页，例如工作流程和组织架构等。如何在一个绘图文件中增加更多的绘图页，或者将多余的绘图页删除？

扫码看视频 ▶

在绘图页底部的页面导航栏：

❶ 单击"⊕"按钮，插入一个空白绘图页；

❷ 右击页面标签，如"页-1"；

❸ 在快捷菜单中单击"删除"命令。

通过绘图页标签的快捷菜单还可快速执行插入、改名、复制绘图页及设置页面属性等操作。

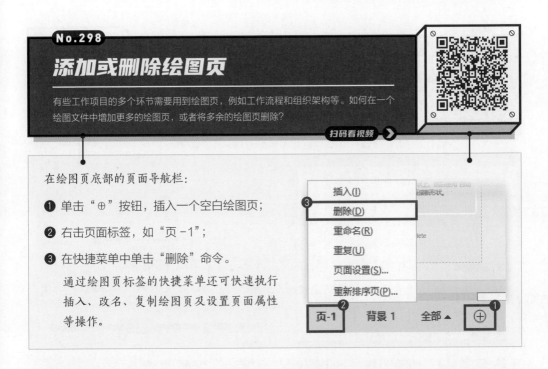

No.299

设置绘图页的大小和方向

系统初始的纸张大小、绘图页大小，不一定符合你的实际需要。例如布局图很大，需要分开多张纸才能打印。怎么自定义打印纸张的大小以及绘图页的大小？

扫码看视频 ▶

在绘图页标签上右击打开标签快捷菜单。

❶ 单击"页面设置"命令；

❷ 单击"页面尺寸"选项卡；

❸ 单击"预定义的大小"单选按钮，修改规格；

❹ 选择"页面方向"。

默认绘图页和打印纸张统一方向和大小，打印纸张的方向和大小可在"打印设置"中修改。

No.300

为绘图页添加或修改背景

直接插入图片或形状作为背景，在上面添加绘图形状，选择和修改绘图形状时都很容易误选背景，干扰操作。那么怎么添加背景可以将之和形状分开处理？

扫码看视频 ➤

绘图页分为前景页和背景页两种类型，在Visio中可以为前景页指定某一个背景页作为背景。这样操作可以将图形和背景分开处理，方便选定和编辑图形，以及批量操作。

通过添加绘图页的操作可以添加更多背景页。需要指定背景时，右击绘图页标签，打开快捷菜单。

❶ 单击"页面设置"命令；

❷ 在"页属性"中单击"背景"下拉按钮展开背景列表，选择一个背景页作为指定背景；

需要修改背景页的设计时，则按如下步骤操作。

❸ 单击"设计"选项卡；

❹ 单击"背景"下拉按钮，展开预设背景下拉面板；

❺ 选择一种背景样式即可。

此外，还可以在背景页中插入图片、图形，设置图形的填充颜色等格式，设计更多的背景。

有没有非常好用的流程图在线绘制工具？
关注微信公众号【老秦】(ID: laoqinppt)，
回复关键词"visio"，
延伸阅读"6款流程图在线绘制工具推荐"。

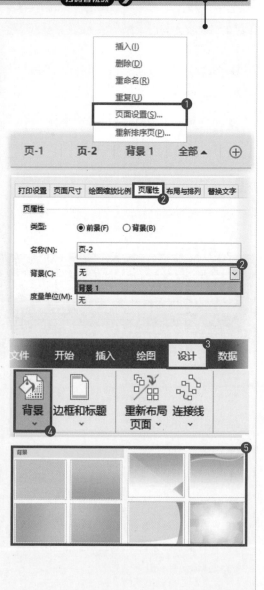

No.301

扫视图纸和快速导航

绘图页比较大时，通过滚动条和拖曳图纸的方式查看，都非常麻烦。怎么在绘图文件中开启导航，快速扫视全图和聚焦局部查看细节？

扫码看视频

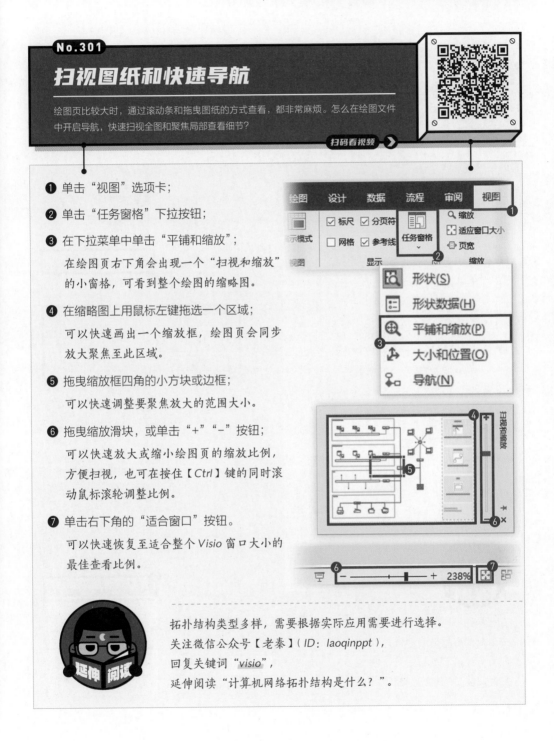

❶ 单击"视图"选项卡；

❷ 单击"任务窗格"下拉按钮；

❸ 在下拉菜单中单击"平铺和缩放"；

　在绘图页右下角会出现一个"扫视和缩放"的小窗格，可看到整个绘图的缩略图。

❹ 在缩略图上用鼠标左键拖选一个区域；

　可以快速画出一个缩放框，绘图页会同步放大聚焦至此区域。

❺ 拖曳缩放框四角的小方块或边框；

　可以快速调整要聚焦放大的范围大小。

❻ 拖曳缩放滑块，或单击"+""-"按钮；

　可以快速放大或缩小绘图页的缩放比例，方便扫视，也可在按住【Ctrl】键的同时滚动鼠标滚轮调整比例。

❼ 单击右下角的"适合窗口"按钮。

　可以快速恢复至适合整个Visio窗口大小的最佳查看比例。

拓扑结构类型多样，需要根据实际应用需要进行选择。
关注微信公众号【老秦】(ID: laoqinppt)，
回复关键词"*visio*"，
延伸阅读"计算机网络拓扑结构是什么？"。

No.302

查看图形的大小、位置和关系

在绘制布局图时，通常需要比较精确的放置位置、尺寸比例以及从属关系。直接手动修改和肉眼查看，不够精准。如何更加快速、精确地得到这些信息？

扫码看视频 >

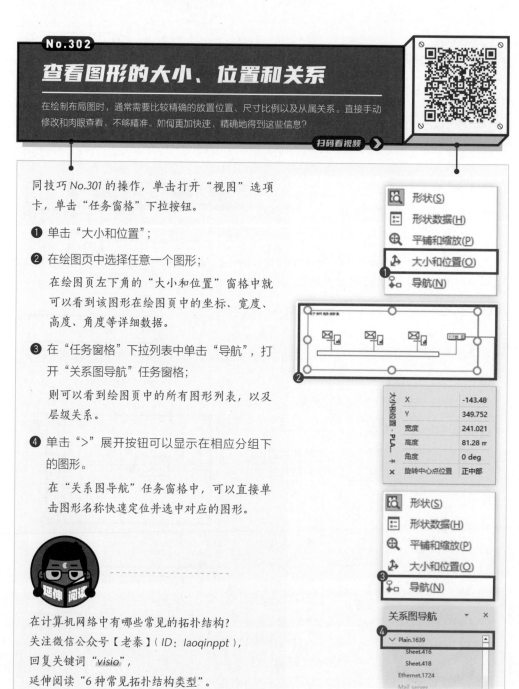

同技巧 No.301 的操作，单击打开"视图"选项卡，单击"任务窗格"下拉按钮。

❶ 单击"大小和位置"；

❷ 在绘图页中选择任意一个图形；

在绘图页左下角的"大小和位置"窗格中就可以看到该图形在绘图页中的坐标、宽度、高度、角度等详细数据。

❸ 在"任务窗格"下拉列表中单击"导航"，打开"关系图导航"任务窗格；

则可以看到绘图页中的所有图形列表，以及层级关系。

❹ 单击">"展开按钮可以显示在相应分组下的图形。

在"关系图导航"任务窗格中，可以直接单击图形名称快速定位并选中对应的图形。

延伸 阅读

在计算机网络中有哪些常见的拓扑结构？
关注微信公众号【老秦】（ID：laoqinppt），
回复关键词"visio"，
延伸阅读"6种常见拓扑结构类型"。

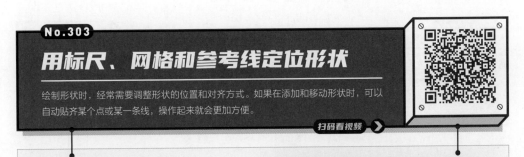

No.303

用标尺、网格和参考线定位形状

绘制形状时，经常需要调整形状的位置和对齐方式。如果在添加和移动形状时，可以
自动贴齐某个点或某一条线，操作起来就会更加方便。

扫码看视频

❶ 单击"视图"选项卡；

❷ 单击勾选或取消勾选复选框；

　显示或隐藏标尺、分页符、网格、参考
线等可用来辅助对齐、排列形状。

❸ 单击"显示"功能组右下角的扩展按钮；

　将打开"标尺和网格"对话框，可以详
细设置标尺、网格的间距。

❹ 拖曳绘图形状；

　当形状接近排列对齐位置时，绘图页上
会显示绿色的双箭头和虚线，这些是临
时参考线，提示排列间距一致或刚好处
于对齐位置。

❺ 拖曳横、纵标尺交叉点到绘图页中；

　生成辅助点。

❻ 拖曳标尺到绘图页中；

　生成参考线。

　参考线和辅助点都可以生成多条/个，要
删除辅助点或参考线，单击选中后，直接
按【Delete】键。要为参考线命名则双击
参考线。要移动参考线位置，则直接将之
拖曳到目标位置。要隐藏参考线，就在
"视图"中取消勾选"参考线"复选框。

❼ 拖动形状靠近辅助点/参考线。

　形状将自动粘附贴齐到辅助点/参考线。

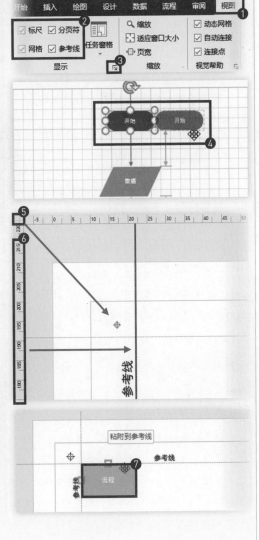

No.304

预览和打印绘图

绘图文件在屏幕显示的效果和打印出来的效果并不一样。在打印前，如何预览以确认绘图打印效果、设置打印范围以及页眉页脚？

扫码看视频 >

❶ 单击"文件"选项卡；

❷ 单击"打印"进入打印预览界面；

❸ 单击"打印"按钮即可开始打印；
在打印界面可配置每个绘图页要打印的份数、打印机的属性及设置各项打印参数。

● 打印范围：整个文档、当前绘图页、指定打印哪几页、是否打印背景效果等。

● 出图顺序：多页文件打印多份时，同个页面连续出，还是整份文档出完再出下一份。

● 纸张方向：横向、纵向。

● 纸张规格：纸张尺寸大小。

● 颜色：黑白打印还是彩色打印。

在打印预览界面"设置"组的最底下：

❹ 单击"编辑页眉和页脚"；

❺ 单击"▶"按钮展开菜单设置页眉、页脚的内容。
可在菜单中选择自动页码、文件名、系统日期和时间等信息，直接添加到页眉或页脚。在不同的框中填写信息，分别可以居左、居中、居右对齐。

No.305

创建形状和调整形状格式

形状是绘图文件最基本的构成要素。如果每一个形状都要手动绘制，效率太低。怎么快速创建形状，并修改形状格式以美化绘图呢？

扫码看视频

创建绘图文件后，在绘图页左侧会有一个形状模具窗格。模具里存放有各种类型的预制形状，可直接使用，不用从零开始绘制。

❶ 单击选中一个形状；

❷ 将之拖曳到绘图页中即添加完成。

直接拖曳形状周围的白色圆点可调节形状尺寸大小，拖曳旋转控制柄（带箭头的圆环）可旋转形状，拖曳形状中间空白处可移动形状。

也可以通过"视图"选项卡中的"任务窗格"–"位置和大小"窗格，精确修改尺寸和位置。

❸ 在"形状样式"功能组中，修改形状的填充颜色、外框轮廓、阴影效果等基本格式。

如何修改形状拐角的弧度，例如从直角变弯角，以及如何旋转形状？

❹ 选中形状后右击，在快捷菜单中单击"设置形状格式"命令；

❺ 在线条格式中，单击切换"圆角预设"的类型，或修改"圆角大小"参数；

❻ 按住鼠标左键拖曳旋转控制柄可快速旋转形状；

或者在"开始"选项卡下：

❼ 单击"位置"下拉按钮；

❽ 单击"旋转形状"；

❾ 单击选择旋转或翻转。

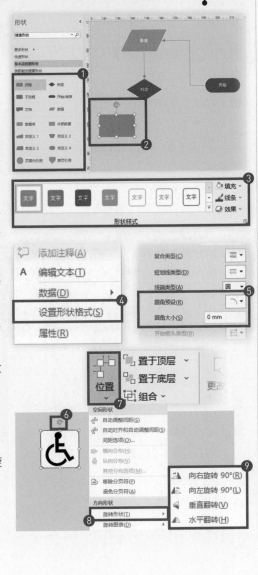

No.306

绘制自定义形状

虽然Visio有非常多的内置形状，可以直接调用，但是在制作比较复杂的绘图文件时，难免有些形状无法直接添加。这些形状应如何绘制？

扫码看视频

在"开始"选项卡下方功能区中：

❶ 单击"指针工具"旁的形状下拉按钮；

❷ 单击"任意多边形"；

❸ 在绘图页上拖曳鼠标完成绘制。

绘制形状时，可以分多次拖曳，只要在上一次结束的位置接着画，就可以续上形成连续的形状。

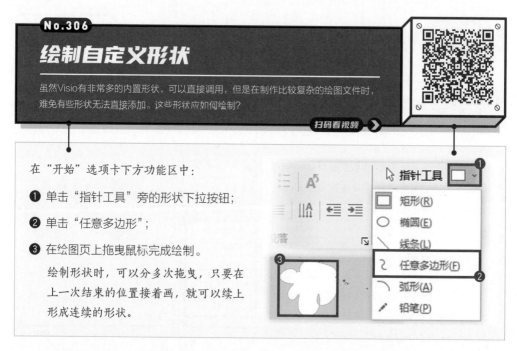

No.307

添加文本和改变方向

绘图形状通常需要文字说明，另外插入文本框，既麻烦又不方便修改。怎么添加文本，才能将之和形状一起调整，省时省事？

扫码看视频

参考线、形状、连接线等都可以添加文本。

❶ 双击形状，即可在形状内输入文字；

❷ 单击"开始"选项卡下方的"文本"，即可在页面中插入文本块；

❸ 单击"文字方向"按钮，可改为纵向；

❹ 单击"段落"功能组右下角的扩展按钮，可设置文本块边距等更多属性。

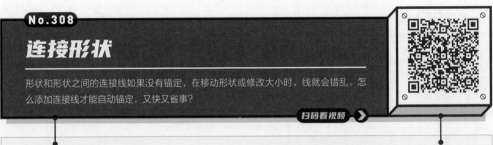

扫码看视频 ❯

将鼠标指针移动到形状上悬停，直至形状四周出现三角形悬浮按钮。

❶ 如果旁边有其他未连接形状，直接单击三角形按钮，可自动创建连接线并连接到该形状；

❷ 将鼠标指针移动至悬浮的形状选择面板，单击选择形状，则可以直接在此方向上创建一个新的形状并连接起来；

❸ 需要在两个形状间手动创建连接线时，也可以在出现三角形按钮时，拖曳连接线起点位置的三角形按钮；

❹ 拖曳到另外一个形状的连接点，在出现绿色小方框时放开，则可在两个连接点之间创建一条连接线；

❺ 在"开始"选项卡下方功能区中单击"连接点"按钮，切换至连接点的编辑模式；

❻ 在连接点编辑模式下，拖曳连接点，可以移动连接点在形状上的位置；按住【Ctrl】键不放，单击形状轮廓其他位置，可以添加新的连接点；单击选中连接点后，按【Delete】键，则可以删除此连接点。

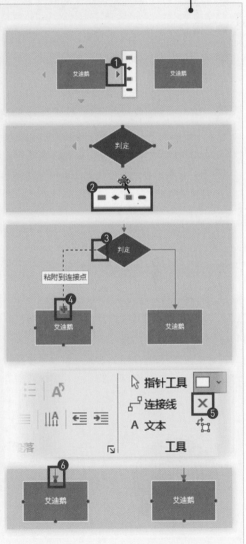

No.309

更改形状和连接线类型

在绘图过程中可能发现已经添加的形状和连接线不符合要求，需要换一种图形或连接方式。怎么快速切换？

扫码看视频 ➤

❶ 单击选中形状；

❷ 单击"开始"选项卡的"更改形状"下拉按钮；

❸ 单击下拉按钮切换形状模具类型；

❹ 单击选中目标形状，即可完成更改。

此方法仅适用于形状模具中的预制形状，绘制的自定义形状无法用该方法快速更改形状。

❺ 右击连接线，会弹出快捷菜单；

❻ 选择连接线的类型。

其中曲线连接线可以通过形状顶点的控制杆调节弧度。

也可选择多个形状或连接线后，批量更改。

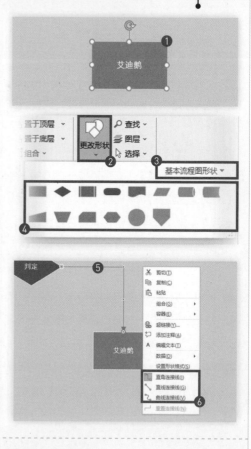

流程图符号非常多，分别代表什么含义？
关注微信公众号【老秦】（ID：laoqinppt），
回复关键词"*visio*"，
延伸阅读"流程图常用符号的含义说明"。

No.310

快速找到需要的形状

Visio中有大量的内置形状，不需要手动绘制。但如果按照形状分类，层层深入去找又比较麻烦。那么怎么按照关键字快速找到所需的形状呢？

扫码看视频 ➤

❶ 单击窗口左侧的形状搜索框，输入关键字后按【Enter】键；

❷ 在结果列表中找到需要的形状；

❸ 单击"更多结果"按钮，可以查看更多结果列表。

No.311

绘制"门"时设置开门方向

制作家居房屋平面布局图时，门是很常用的元素。将门添加到绘图页后，若发现开门方向和角度不符合需要，怎么快速调整呢？

扫码看视频 ➤

单击选中"门"的形状后：

❶ 拖曳黄色圆点的控制柄可以调节开门角度；

❷ 参照技巧 No.305，在"开始"选项卡下单击"位置"下拉按钮，在下拉菜单中单击"旋转形状"后，在子菜单中单击"垂直翻转"或"水平翻转"，即可修改开门方向。

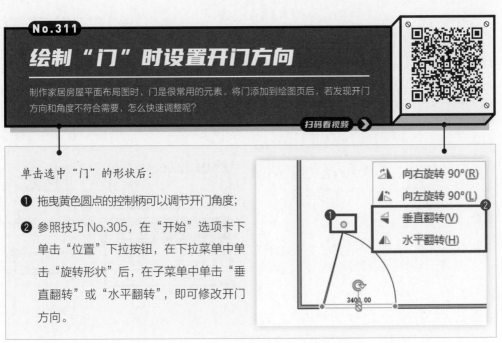

No.312

使用三维形状和模具

为了让绘图文件更有质感,有时需要用到立体图形。在Visio中内置了非常多的三维立体形状,如何找到它们并添加到绘图页中呢?

扫码看视频

❶ 在 Visio 窗口左侧的形状模具列表
中,找到带有"3D"字样的模具,
单击展开;

❷ 将形状列表中的三维立体形状拖曳
添加到绘图页中。

No.313

跨职能流程图形状绘制

制作工作流程图时,有些工作环节需要不同的职能部门配合,在绘图页中如何快速按照职能或工作阶段划分区域,将流程跨越职能区域衔接起来?

扫码看视频

❶ 在"跨职能流程图形状"模具中拖曳"泳
道(垂直)",将其添加至绘图页中;

❷ 单击"跨职能流程图"选项卡;

❸ 单击插入"泳道"与"分隔符",并单击
"排列"中的工具转换泳道方向或流程起始
方向;

❹ 如需在指定的泳道前面或后面插入新的泳
道,则右击该泳道,在快捷菜单中单击"在
此之前 / 后插入'泳道(垂直)'"。

No.314

将常用形状设为快速形状

制作比较复杂的大型绘图文件，需要用到多种模具类型的形状，来回切换和寻找形状比较麻烦。怎么将一些常用的形状放在靠前的位置，以提高绘制效率呢？

扫码看视频

❶ 在模具列表中单击模具名称进行切换；

❷ 右击形状；

❸ 单击"添加到快速形状"命令。

设置快速形状后，形状会排在该模具靠前的快速形状栏，更方便选择添加。

还可以单击"快速形状"模具名称，查看当前绘图文件已打开模具的所有快速形状。

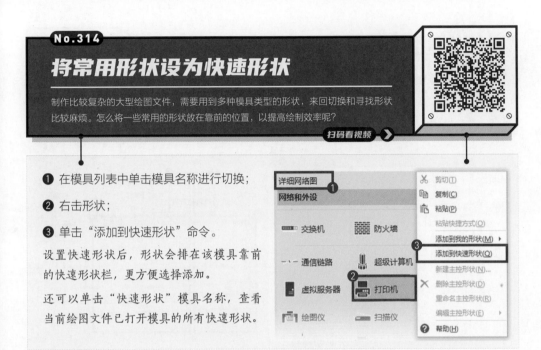

No.315

快速选择和复制形状

绘图文件的部分形状需要统一修改位置、大小或格式，一个个操作太麻烦，如何能快速选择多个形状同时修改？部分形状相同，又应该如何快速复制？

扫码看视频

快速选择形状：单击"指针工具"可切换到选择形状状态，按住【Ctrl】或【Shift】键单击，可同时选择多个形状。也可以单击"选择"下拉按钮，使用"按类型选择"或选择"套索选择"圈选需要处理的形状。

快速复制形状：选中需要复制的形状，连续按【Ctrl+D】快捷键即可快速复制多个相同的形状；或者按住【Ctrl】键不放，将选中的形状拖曳到页面其他位置后放开鼠标和【Ctrl】键，可以快速复制到指定位置。

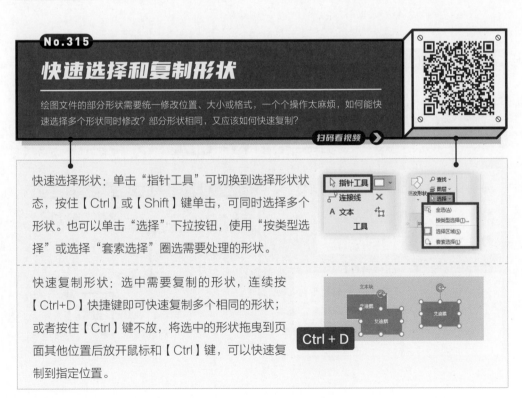

No.316

多个形状的对齐、间距与布局

绘制多个形状时，形状放置凌乱、间距不一，会很难看。如果手动一个个调整，又很麻烦。如何批量自动对齐，以及调整多个形状的间距，让它们等间距排布呢？

扫码看视频

选中多个要对齐和调整间距的形状。

❶ 单击"开始"选项卡下的"排列"下拉按钮，单击选择一种对齐方式，完成自动排列；

❷ 单击"开始"选项卡下的"位置"下拉按钮，单击选择一种布局方式，完成间距和布局的设置。

形状之间如有连接线，自动对齐或调整布局后连接线的位置和形态也会自动调整。

No.317

调整组织架构图的布局

绘制组织架构图时，一个管理职位下面会有多个下属职位，比如要从悬挂式的垂直排布，转换成两层的横线排布，如何才能实现自动转换？

扫码看视频

❶ 选择需要更改下属布局状态的形状；

❷ 单击"组织结构图"选项卡；

❸ 单击"布局"下拉按钮；

❹ 单击选择一种新的布局方式。

从垂直、并排的布局调成水平布局，可能因为间距不够宽导致布局错乱，此时在"组织结构图"选项卡下单击"间距"的"+""–"按钮可快速重排。

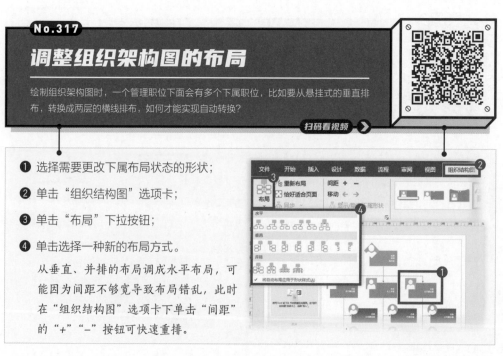

No.318
将多个形状组合成整体

如果经常需要同时处理特定的几个形状，最好是把它们作为一个整体一起移动和缩放大小等。怎么将多个形状快速组合成一个整体？

扫码看视频 ▶

❶ 选中多个形状；

❷ 在"开始"选项卡下方功能区中，单击"组合"下拉按钮；

❸ 在下拉菜单中单击"组合"。

也可以在选择多个形状后，按快捷键【Ctrl+G】快速组合形状。

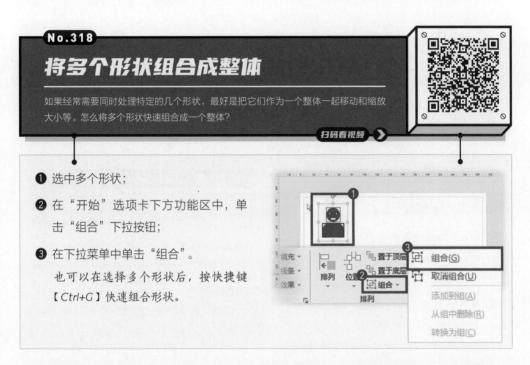

No.319
创建容器对形状分组管理

一些复杂的图表，通常会有不同的逻辑部分，要怎么组织这些部分，才能更清晰、让人更容易理解呢？可以将同属一个逻辑框架的形状添加到容器中。

扫码看视频 ▶

❶ 选择需要添加到容器中的形状；

❷ 右击形状后，单击"容器"命令；

❸ 在"容器"命令子菜单中单击"添加到新容器"命令。

可以直接为选中的形状创建一个新的容器并完成添加；也可以在"插入"选项卡中先插入一个容器到绘图页中，然后选中相应形状通过快捷菜单添加到基本容器。

No.320

锁定和解除容器

将形状添加到容器以后，如果不再需要对容器和形状进行更改，可以锁定容器。锁定以后，无法将形状移出容器，也无法再往容器添加形状。

扫码看视频 ▶

选中容器后：

❶ 单击"容器格式"选项卡；

❷ 单击"锁定容器"按钮；

如果想要将形状和容器解绑，则需要在解除锁定的状态下。

❸ 单击"解除容器"按钮，即可将容器与形状解绑。

No.321

用图层分批管理形状

较复杂的绘图文件，有各种各样的形状，如何按照不同的类型、区域等，批量管理不同的形状？把需要批量修改的形状分配到同一个图层就可以了。

扫码看视频 ▶

某些特殊形状在添加到绘图页时，Visio 会自动创建相应的图层，例如"容器"。也可以自行创建图层，然后把部分形状添加到指定图层。

❶ 单击"开始"选项卡下的"图层"下拉按钮；

❷ 单击"图层属性"；

❸ 在弹出的对话框中单击"新建"按钮；

❹ 输入图层名称后，单击"确定"按钮。

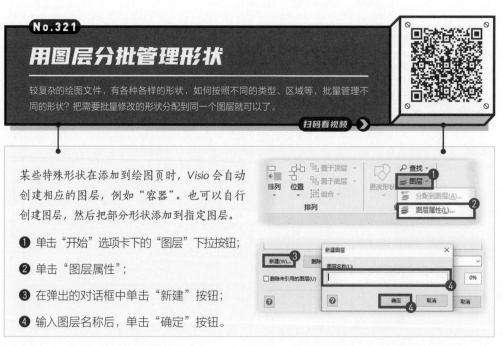

如要将形状添加至指定图层，需要先选中形状，然后按如下步骤操作。

❶ 单击"图层"下拉按钮；

❷ 单击"分配到图层"；

❸ 在弹出的"图层"对话框中，勾选相应的图层名称；

❹ 单击"确定"按钮完成分配。

如何修改图层属性，对同一图层内的所有形状实现统一修改？

❺ 单击"图层"下拉按钮；

❻ 单击"图层属性"；

❼ 在图层列表中单击各个图层名称右侧的复选框，来设置图层属性；

　　可见——取消则隐藏所有形状；打印——取消则打印时不出现；活动——勾选则添加的形状默认分配到该图层；锁定——勾选则选不到、改不了；对齐——勾选则默认自动对齐；粘附——勾选则默认贴齐参考线；颜色——勾选则可设置形状填充色。

❽ 可统一设定图层内所有形状的填充颜色和透明度，最后单击"确定"完成所有设定。

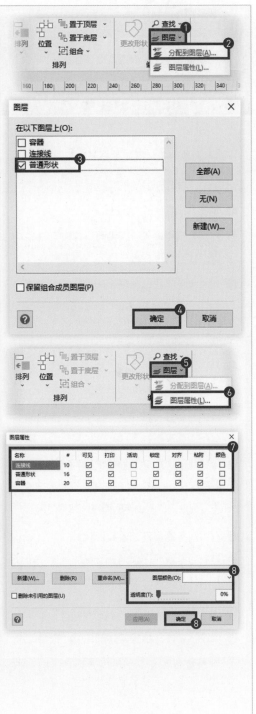

Visio 经常用来制作鱼骨图，什么是鱼骨图？
关注微信公众号【老秦】（ID：laoqinppt），
回复关键词"鱼骨图"，
延伸阅读"鱼骨图使用攻略"。

No.322

鱼骨图（因果图）

使用PPT、Word、Excel等其他Office工具绘制鱼骨图，添加连接线和对齐形状都很麻烦。怎么用Visio来快速绘制鱼骨图，帮助我们分析并解决问题呢？

扫码看视频

以生产制造的某次不良率分析为例。

Step1（创建绘图文件）：

❶ 单击"文件"-"新建"；

❷ 在搜索框中输入"因果图"并按【Enter】键，找到绘图模板；

❸ 双击模板图标创建带有因果图形状模具的空白绘图文件。

Step2（添加形状和文字）：

❶ 从形状模具分别拖曳"类别1"和"鱼骨框架"形状到页面中搭建整个框架；

❷ 在鱼头位置（效果），以及每个类别的形状中添加文本；

❸ 根据鱼骨的方向，拖曳"主要原因1""主要原因2"的形状粘附在类别形状的连接线上，根据内容多少手动换行、调节位置；

❹ 选中所有的类别和鱼头形状；

❺ 单击"字体"功能组右下角的扩展按钮，打开"文本"设置对话框；

❻ 修改"文本块"中的"文本背景"为"无"；

❼ 修改"字体"中的字体颜色为"白色"。

可根据需要自行修改"设计"中的"主题"风格，调整颜色搭配和字体搭配等。

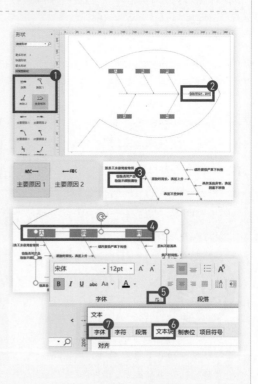

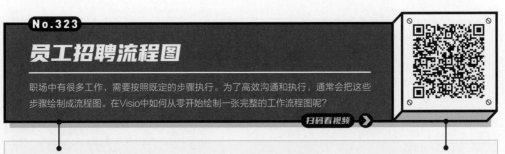

以绘制某公司的"员工招聘流程"为例。

Step1（创建绘图文件）：

单击"文件"-"新建"后，选择"基本流程图"，然后双击"空白页"创建带有基本流程图形状模具的空白绘图文件。

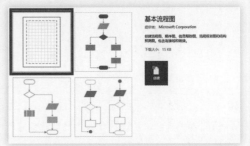

Step2（设置页面和背景）：

在"设计"选项卡下修改纸张方向为纵向，大小保持默认的A4纸，取消"自动调整大小"，修改主题为"线性"。

❶ 单击"背景"下拉按钮展开背景下拉面板，选择"活力"背景；

❷ 单击"边框和标题"下拉按钮，选择"简朴型"标题；

切换至"背景-1"绘图页，将标题修改成"艾迪鹅品牌设计员工招聘流程图"。单击"矩形"，在"背景-1"页面上画一个铺满整个页面的矩形，将矩形置于背景页的最底层，然后按如下步骤操作：

❸ 右击矩形，在快捷菜单中单击"设置形状格式"命令；

❹ 将填充颜色改为白色，透明度设置为15%。

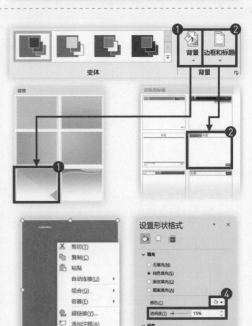

Step3（添加形状、文字）:

在"基本流程图形状"模具中，拖曳一个"流程"形状到页面中：

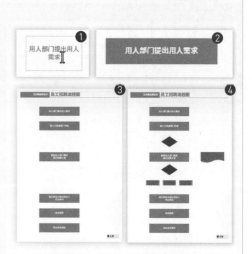

❶ 双击形状进入文字编辑模式，输入该流程的文本内容"用人部门提出用人需求"；

❷ 拉宽形状使文本能在一行显示完整，并设置字体、字号；

❸ 按住【Ctrl】和【Shift】键拖曳形状，复制出5个相同的形状，修改每个形状中的文字；

❹ 添加"判定""子流程""文档"等形状至页面中，结合【Ctrl】和【Shift】键快速复制出多个，再修改文字即可。

Step4（连接形状与微调布局）:

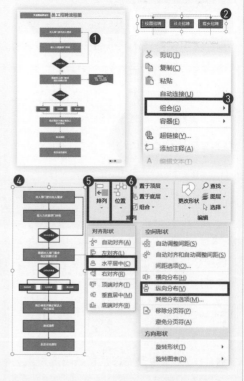

❶ 在"开始"选项卡下切换至"连接线"模式，为所有形状添加连接线并串联起来；

❷ 同时选中3个招聘渠道的形状后，单击"位置"，选择"横向分布"，让3个形状横向等间距排布；

❸ 右击3个选中的形状，选择"组合"将之打包成一个整体，为设置所有形状整体布局做准备；

❹ 选中除了文档形状以外的所有形状和组合；

❺ 单击"排列"，将竖排的所有形状和组合"水平居中"排列，使连接线自动调整对齐；

❻ 保持所有形状及组合选中的状态，单击"位置"，设置为"纵向分布"模式，使形状、组合之间的间距相等。

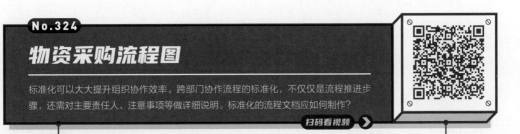

No.324

物资采购流程图

标准化可以大大提升组织协作效率。跨部门协作流程的标准化，不仅仅是流程推进步骤，还需对主要责任人、注意事项等做详细说明。标准化的流程文档应如何制作？

扫码看视频 〉

以制作某公司的"物资采购流程"为例。

Step1（创建绘图文件）：

❶ 单击"文件"-"新建"，选择"跨职能流程图"模板，双击"空白页"创建带有跨职能流程图形状模具的空白绘图文件；

❷ 在"设计"选项卡下设置主题为"Office主题"，在"变体"栏中修改主题风格为"变量4"，展开更多变体选项，选择颜色方案为"烟雾"。

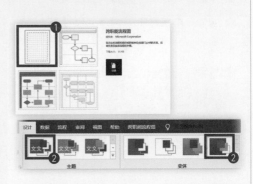

Step2（搭建跨职能框架）：

❶ 切换至"跨职能流程图"选项卡；

❷ 单击4次"泳道"命令，添加4个纵向职能栏；

❸ 单击两次"分隔符"命令，添加两条横向的流程阶段分隔线；

❹ 双击各个形状，修改其中的流程图标题、泳道名称、阶段名称；

❺ 拖曳调整流程图中泳道和分隔符的分界位置，使之大致符合内容量的需要。

Step3（添加流程形状）：

❶ 拖动"流程"形状至页面中，输入文字为"材料需求"，并设置好字体、字号(8pt)，合适的高度(5.5mm)和宽度(20mm)；

❷ 切换至"开始"选项卡；

❸ 单击"形状样式"下拉按钮展开样式面板；

❹ 选择"平衡效果 – 褐色 – 变体着色5"样式；

❺ 按照各个流程步骤，按住【Ctrl】键将相应形状拖曳至大概位置，快速复制添加所有流程形状，并修改其中的文字内容；

❻ 选择需更改为"判定"或"文档"的形状，单击"更改形状"，从基本流程图形状中选择目标形状，在保持形状样式和属性不变的情况下，快速切换形状类型。

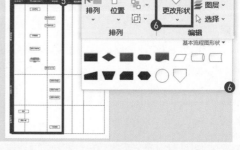

Step4（连接形状，添加文字并优化细节）：

❶ 切换至"开始"选项卡，单击"连接线"命令开启连接模式；

❷ 为所有流程形状添加连接线，先不用管连接线的弯曲状态，只管起点和终点锚定到流程形状的对应点位上；

❸ 切换至"插入"选项卡，单击"文本框"；

❹ 先添加一个文本框调整好宽度、字体格式，然后复制更多文本框并修改文字；

❺ 用"位置"工具设置每一个阶段内的形状等间距分布，用"排列"工具将文本框文字和同一流程环节的形状垂直居中；

❻ 将泳道的边距设置为"窄"。

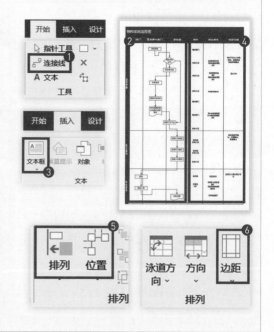

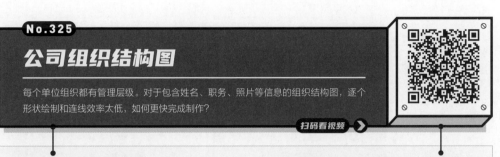

扫码看视频

No.325

公司组织结构图

每个单位组织都有管理层级。对于包含姓名、职务、照片等信息的组织结构图，逐个形状绘制和连线效率太低，如何更快完成制作？

以某公司的"组织结构图"为例。

Step1（创建绘图文件）：

❶ 单击"文件"-"新建"，选择"组织结构图向导"模板，双击创建空白的组织结构图文件，在弹出的"组织结构图向导"对话框中单击"取消"按钮，取消导入外部数据；

❷ 切换至"组织结构图"选项卡；

❸ 单击"硬币"形状类型。

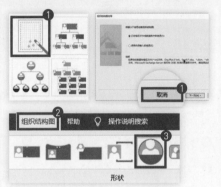

Step2（添加形状）：

❶ 从形状模具拖曳"高管硬币"形状到页面中，生成前 3 个级别的层级架构；

　拖曳时叠放在前一个级别上，即可自动创建连接线并改变布局；添加统一级别的 3 个下属形状时，可直接拖曳"三个职位"下属形状。

❷ 选中第 2、3 层级的多个形状后，在"组织结构图"选项卡下，单击"更改位置类型"，在弹出的对话框中选择"经理"类型；

❸ 按照前面的操作方法，为第 3 层的每一个硬币添加"三个职位"的下属形状；

❹ 将最底下一排形状的位置类型更改为"位置"。

　添加最后一个层级的形状时，会出现形状重叠的情况，不要急着手动拖曳调整位置布局。全部添加完成后，继续按后面的步骤操作。

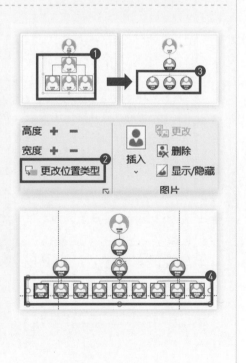

Step3（调整布局和尺寸）：

❶ 单击"重新布局"或"间距"中的"+""−"，可以让所有形状重排，避免重叠交叉；

❷ 按快捷键【Ctrl+A】或直接框选页面中的所有形状，拖曳缩小架构图整体尺寸，使其能在一页纸中完全展示。可逐层框选，结合【↑】【↓】键微调层级之间的距离。

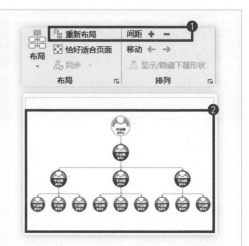

Step4（导入照片并优化细节）：

❶ 将所有形状的姓名和职务修改完成；

❷ 单击"组织结构图"选项卡下的"插入"；

❸ 单击"多张图片"；

❹ 在练习文件夹中找到并打开"人物头像"文件夹，将照片添加至对应姓名的形状中；

❺ 单击"设计"选项卡；

❻ 单击选择"线性"风格的主题样式；

❼ 如果发现某一级别的文字溢出形状，可框选整个层级的形状；

❽ 在"开始"选项卡中，单击缩减字号命令，整体缩小文字；

❾ 个别头像如果裁切的图片焦点不对，也可以单独选中后，在"图片格式"选项卡中，单击"裁剪"按钮，微调图片的裁切区域、尺寸和位置等。

第 **5** 篇

Project
办公应用

No.326

新建项目文档

任务多、周期长的项目工作，用Excel表格来管理，不管是绘制甘特图，还是分配和跟踪可用资源，都非常麻烦。用更专业的Project来管理你的项目吧！

扫码看视频 >

打开 Project 后，单击"新建"命令，可通过以下方式创建 Project 文件。

❶ 选择"空白项目"创建；

❷ 选择"根据现有项目新建"创建新副本；

❸ 选择"根据 Excel 工作簿新建"创建；

❹ 单击"显示更多"找到现成的模板新建。

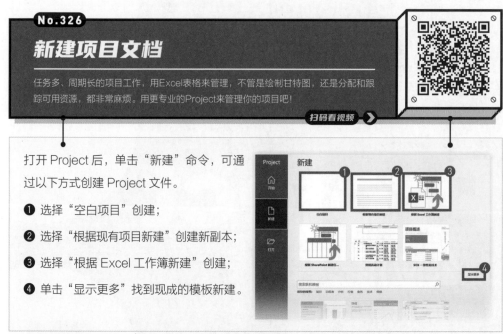

No.327

设置项目基本信息

项目中的任务，多数有前后衔接的关系。如果项目开始时间延后，如何让所有时间都延后？多个任务同时进行而资源有限，怎么界定优先分配给哪个任务？

扫码看视频 >

❶ 单击"项目"选项卡；

❷ 单击"项目信息"按钮；

❸ 单击"开始日期"旁的下拉按钮，从日历中选择一个项目开始日期；

❹ 如有多个任务占用同一资源，优先级高的任务优先分配，剩余资源再给下个优先级的任务。可设置任务的初始优先级，范围为 0~1000，默认为 500。

No.328

创建日历

系统默认的标准日历，有些项目并不适用。有法定节假日，有些单位是周末单休，而大部分生产线都分白班和夜班。怎么创建一个自定义休息日和工作日的日历呢？

扫码看视频 ➤

❶ 单击"项目"选项卡；

❷ 单击"更改工作时间"按钮；

❸ 在弹出的对话框的右上角，单击"新建日历"按钮；

❹ 在"新建基准日历"对话框中单击选择一种新建日历的方式；

"新建基准日历"表示创建新日历；"复制"可以基于已有日历创建一个副本，在现有基础上继续修改工作时间和休息时间。

❺ 给新建的日历输入一个名称，例如"单休日历"；

❻ 单击"确定"按钮，即完成创建；

❼ 新日历并未完成设置，还需在"例外日期"和"工作周"列表中继续设定法定节假日、调休、工作时间等，方法见技巧No.329。

如何才能用 Project 做好项目管理？
关注微信公众号【老秦】（ID: laoqinppt），
回复关键词"Project"，
延伸阅读"项目管理必备思维"。

No.329

设置工作周和工作日

有些例行的工作内容（例如总结会议）在工作时间内，但却不能作为项目可用时间来分配任务；还有法定假期、调休等特殊的时间，该如何设定？

扫码看视频 >

在"更改工作时间"对话框中继续配置日历。

❶ 切换至要自定义的日历，例如"单休日历"；

❷ 切换至"工作周"选项卡；

❸ 单击设置"[默认]"工作周的"详细信息"；

❹ 在弹出的对话框的"选择日期"列表框中，单击选择一个需要修改工作时间的日期；

例如单休日历可为星期六添加工作时间；周一如果有周例会，该时间需要排除在外，也可以单独修改起始和结束的工作时间点。

❺ 单击"对所列日期设置以下特定工作时间"单选按钮；

❻ 填写"开始时间"和"结束时间"；

❼ 单击"确定"按钮，完成工作周设定；

❽ 单击"例外日期"选项卡；

❾ 添加法定假期和调休的日期；

❿ 单击"详细信息"按钮可以具体设置被选中例外日期的休息时间、工作时间及重复方式等。

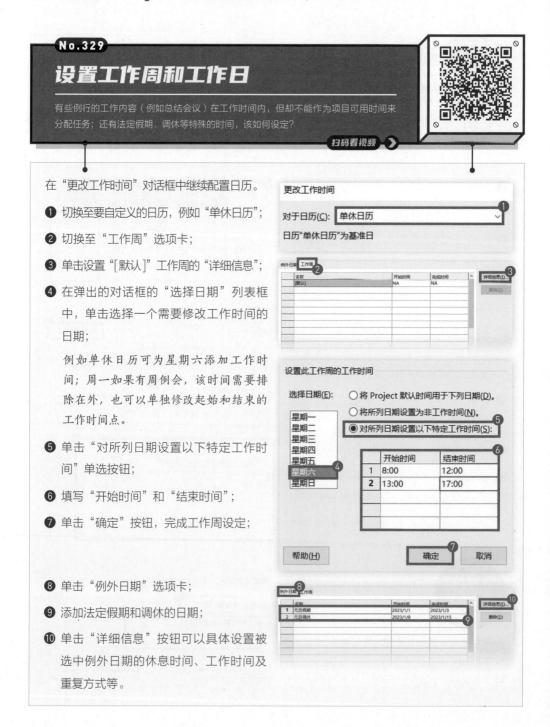

No.330
添加新的任务

一个项目包含很多任务信息，怎么添加新的任务？已经输入了一系列任务，怎么在中间插入新的任务？有多余的任务，怎么删除？

扫码看视频 ➤

创建项目文件后，在甘特图任务列表中：

❶ 直接输入任务名称，按【Enter】键确认；

❷ 右击任务行，在快捷菜单中单击"插入任务"命令，即可在当前任务的前面插入新的任务行；

新任务默认是手动安排工期，可单击任务模式或右击更改成自动安排。

❸ 在快捷菜单中单击"删除任务"即可删除当前任务。

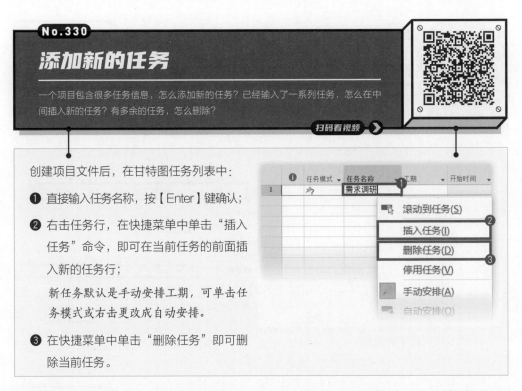

No.331
设置任务工期

自动安排任务工期会带有"？"，表示是系统预估的工期。怎么添加计划工期，并让Project自动计算出每一项任务的完成时间呢？

扫码看视频 ➤

设置任务工期的方法有很多，常用的有两种：

❶ 选中工期列的单元格，手动输入数字后按键盘上的【Enter】键，或者直接单击单元格右侧的上、下微调按钮，快速增、减拟用工作日；

❷ 在出现进度条的情况下，用鼠标拖曳进度条右端，在完成时间点放开鼠标，可快速调节进度条长度，即工期长度。

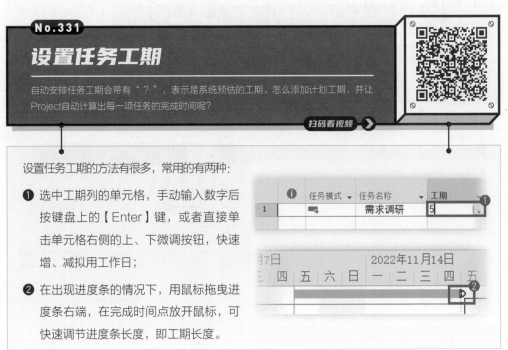

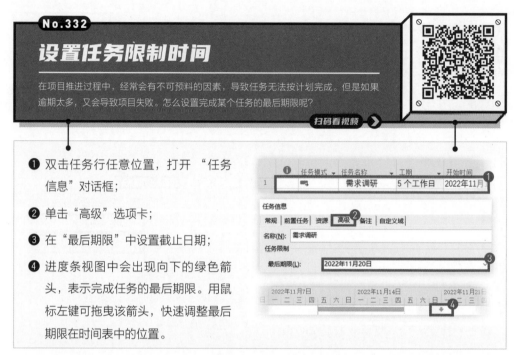

No.332

设置任务限制时间

在项目推进过程中，经常会有不可预料的因素，导致任务无法按计划完成。但是如果逾期太多，又会导致项目失败。怎么设置完成某个任务的最后期限呢？

扫码看视频

❶ 双击任务行任意位置，打开"任务信息"对话框；

❷ 单击"高级"选项卡；

❸ 在"最后期限"中设置截止日期；

❹ 进度条视图中会出现向下的绿色箭头，表示完成任务的最后期限。用鼠标左键可拖曳该箭头，快速调整最后期限在时间表中的位置。

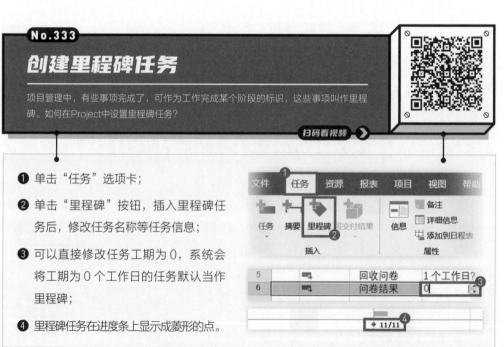

No.333

创建里程碑任务

项目管理中，有些事项完成了，可作为工作完成某个阶段的标识，这些事项叫作里程碑。如何在Project中设置里程碑任务？

扫码看视频

❶ 单击"任务"选项卡；

❷ 单击"里程碑"按钮，插入里程碑任务后，修改任务名称等任务信息；

❸ 可以直接修改任务工期为 0，系统会将工期为 0 个工作日的任务默认当作里程碑；

❹ 里程碑任务在进度条上显示成菱形的点。

No.334

创建周期性任务

大型项目通常会有些要重复做的事情，如果每一次任务都反复手动添加会非常麻烦。怎么通过一次设置，定义同一类要重复做的任务呢？

扫码看视频

❶ 在"任务"选项卡下方功能区中，单击"任务"下拉按钮；

❷ 单击"任务周期"，打开"周期性任务信息"对话框；

❸ 填写任务名称并设置单次任务的工期；

❹ 设置任务重复的频率和次数等信息后，单击"确定"按钮，插入周期性任务。

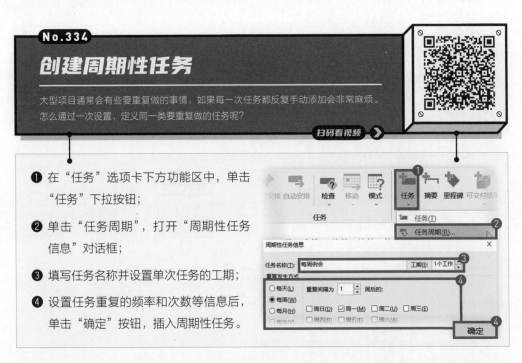

No.335

移动和复制任务

大型项目中的任务非常多，有些还是重复出现的，如果每一条都手动添加会很麻烦。怎么更快地批量生成任务，以及快速调整部分任务的次序？

扫码看视频

❶ 在行号位置拖动鼠标选中需要移动位置的任务行；

❷ 将鼠标指针移动到选中任务行的边缘，当鼠标指针变成四向箭头时，按住鼠标左键拖曳至目标位置后放开；

❸ 复制任务时，右击选中的任务行，单击"复制"命令，然后右击目标位置的行号，单击"粘贴"命令，即可快速复制任务行。

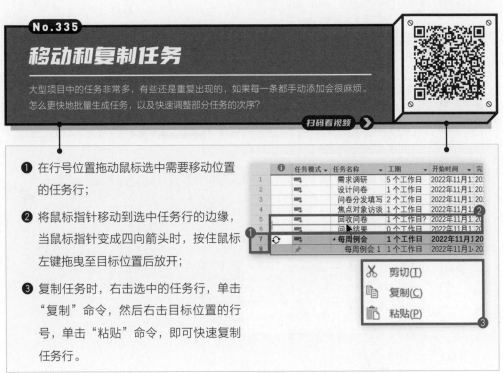

No.336
设置任务层级的关系

若任务分解得很细，数量很多，管理起来比较烦琐。如果有些任务属于同一类别，或者是由一个大任务拆分出来的子任务，可以用摘要任务来分层级管理。

扫码看视频

❶ 先选中已有的多个任务；

❷ 单击"任务"选项卡下的"摘要"命令，创建一个上级摘要任务；

❸ 双击"<新摘要任务>"修改任务名称；

❹ 也可以先创建摘要任务，然后在摘要任务下方添加新的子任务，或者将后续已有任务通过单击"降级任务"按钮添加到摘要任务中。

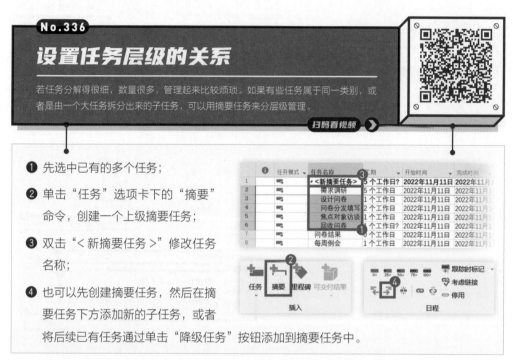

No.337
设置前置任务及任务相关性

有些任务的启动或完成有前提条件，比如必须在前一个任务完成以后开始，或者必须确保在前一个任务开始前完成等。如何绑定两个任务，使其工期自动调整？

扫码看视频

❶ 在任务列表的"前置任务"列中，单击下拉按钮，展开所有任务列表，单击勾选当前任务的前置任务；

链接前置任务的模式有完成后开始、同时开始、同时完成、开始时完成4种。

❷ 默认前置任务完成后才开始当前任务，如需更改，双击甘特图的任务连线；

❸ 单击下拉按钮选择一种链接模式。

No.338

添加自定义列显示更多任务信息

Project任务表中的数据列，默认有任务模式、任务名称、工期、开始/完成时间、前置任务、资源名称等列，如有更多备注信息或者后续任务，要如何填写？

扫码看视频 ❯

❶ 单击"添加新列"下拉按钮；

❷ 从列表中选择合适的字段名；

❸ 如要删除自定义列，右击列标题；

❹ 单击"隐藏列"命令；

❺ 单击"自定义字段"命令，可设置该列信息的更多属性。

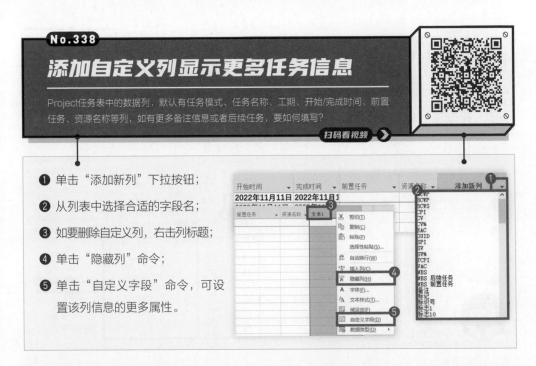

No.339

切换甘特图的时间刻度

不同的项目任务的管理精细程度不一样，Project中默认以天为单位显示甘特图进度。如果想以不同的周期比如时、旬、季度等查看，如何快速切换？

扫码看视频 ❯

❶ 双击甘特图时间刻度；

❷ 在弹出的"时间刻度"对话框中，选择显示刻度层次，如"三层（顶层、中层、底层）"；

❸ 单击切换刻度层次；

❹ 设置当前层次的单位、标签、对齐等基本属性；

❺ 在"预览"区域可查看刻度参数配置的预览效果，单击"确认"后生效。

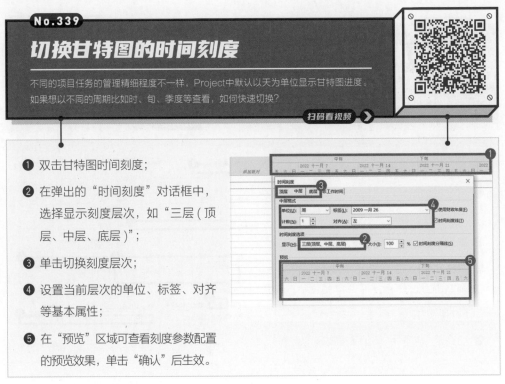

No.340

创建资源库并添加项目资源

合理分配资源是项目有效执行的保障。项目可能用到工时、材料、成本3类资源，如何创建一个资源库用来管理这些资源呢？

扫码看视频

❶ 单击"甘特图"下拉按钮展开视图列表；

❷ 切换至"资源工作表"视图；

❸ 逐行填入资源名称，单击"类型"列中的单元格，下拉选择一种资源类型；

❹ 补充资源的最大单位、标准费率等信息。

在微信公众号【老秦】回复关键词"*Project*"，延伸阅读资源类型与各个资源工作表标题域详细说明。

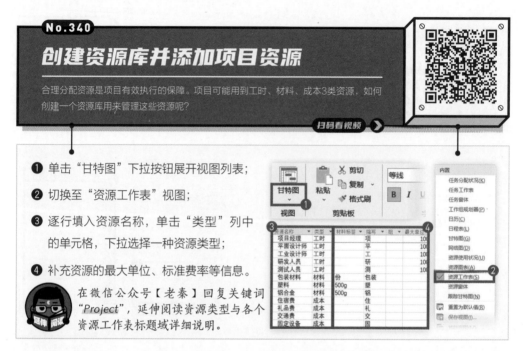

No.341

设置资源信息和可用性

项目资源通常是有限的，需要在限定范围内分配和使用。而且不同时间段，人员和材料的使用成本也可能发生变化。如何为资源配置可用范围与不同时段的成本？

扫码看视频

❶ 双击资源工作表中的资源名称；

❷ 若是评估新项目或项目新阶段，可将未分配资源的预订类型改为"已提交"；

❸ 配置该资源的可用时段；

❹ 单击"更改工作时间"可为资源指定一种时间，操作方法参考技巧 No.328、No.329；

❺ 切换至"成本"，添加不同时段的费率。

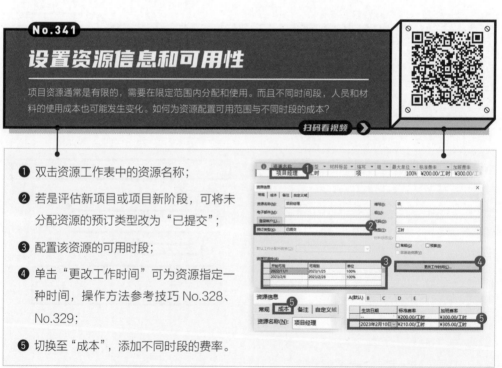

No.342
给任务分配项目资源

完成每个任务都需要投入相应的资源。资源不到位，任务就会受阻。那么怎么将具体的资源分配给任务？有多个任务需要分配资源，如何操作更高效？

扫码看视频

❶ 简单分配，直接单击任务行资源名称列的单元格后，勾选需要的资源复选框。

需要为多个任务同时分配资源时：❷ 选中多个任务；❸ 单击"资源"-"分配资源"；❹ 在列表中选择资源；❺ 单击"分配"按钮。

需要设置具体资源数量时：双击任务名打开对话框；❻ 单击"资源"配置所需资源。

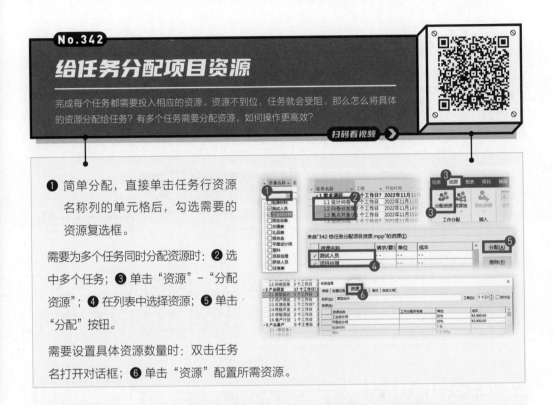

No.343
重新调配资源

项目在开展时，可能因为某些因素而延迟或提前，资源就可能出现不足或过度分配的情况。为了确保项目能够顺利进行，要怎么重新调配资源？

扫码看视频

信息列中有红色图标表示过度分配资源。

❶ 选中所有任务。

❷ 在"资源"选项卡下方功能区中单击"调配选项"，自动调配优先级等因素。

❸ 单击"调配资源"。

❹ 蓝色底表示已分配的资源，单击可取消选择，单击"开始调配"自动调配资源。

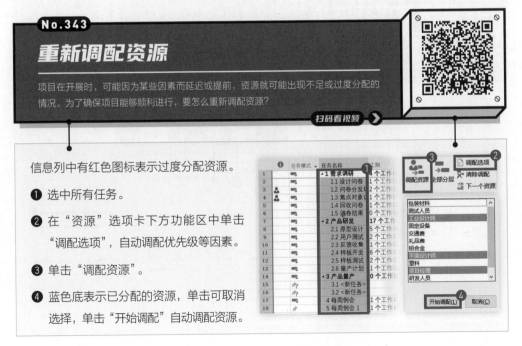

No.344

设置任务固定成本

执行项目任务除了占用资源产生成本，还有一种和工时、工期变化无关，不管提前还是延期都要支出的成本——固定成本。如何为任务添加固定成本？

扫码看视频 >

❶ 单击"视图"选项卡；

❷ 单击"表格"下拉按钮；

❸ 单击选择查看"成本"表格；

❹ 在"固定成本"列输入成本数据。

在微信公众号【老秦】回复关键词"Project"，延伸阅读成本的类别以及成本表中7个域的具体作用。

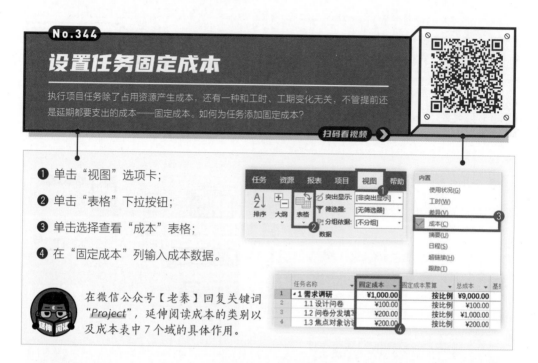

No.345

计算任务实际成本

在项目执行过程中，工时、材料等所耗成本会不断累算，如何计算当前进度下总共使用了多少，并在需要的时候跟踪成本使用状态呢？

扫码看视频 >

❶ 单击"视图"选项卡；

❷ 单击"表格"下拉按钮；

❸ 单击选择查看"跟踪"表格；

❹ 在已有实际开始时间的任务行，修改"完成百分比"，Project 会自动计算出当前进度下相应任务的实际成本。

No.346

设置任务预算成本

在项目成本管理过程中，基于预算做成本目标控制是非常常见且好用的方法。如何将项目规划时估算的成本分配到各个任务中，使之作为后续目标管理的参照依据呢？

扫码看视频 ▶

将未分配过的资源设置成预算资源：

❶ 单击"任务"-"甘特图"下拉按钮；

❷ 单击查看"资源工作表"视图；

❸ 双击未分配过资源的一个资源名称，例如"固定设备"；

❹ 勾选"预算"复选框后确认，该项资源即成为预算资源。

分配预算资源（只能分配给项目摘要任务）：

❶ 切换至"甘特图"视图模式；

❷ 单击"甘特图格式"选项卡，勾选"项目摘要任务"复选框；

❸ 选中第一项摘要任务名称；

❹ 单击"资源"-"分配资源"；

❺ 选中预算资源"固定设备"，单击"分配"。

设置预算成本（只能在任务分配状况视图下设置）：

❶ 单击"甘特图"-"任务分配状况"；

❷ 单击"添加新列"后输入"预算成本"；

❸ 在"预算成本"列下，为预算资源"固定设备"输入成本数值，例如 2000。

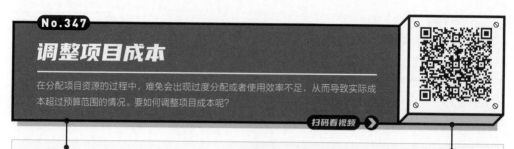

No.347

调整项目成本

在分配项目资源的过程中，难免会出现过度分配或者使用效率不足，从而导致实际成本超过预算范围的情况。要如何调整项目成本呢？

扫码看视频

调整工时资源成本：

❶ 单击"任务"选项卡下方功能区中的"甘特图"下拉按钮，单击选择"任务分配状况"视图；

❷ 单击需要调整成本的任务"测试人员"；

❸ 单击"任务使用情况格式"选项卡下的"信息"，打开对话框；

❹ 设置好调整的工时数，单击"确定"；

❺ 单击调整工时任务旁新出现的黄色感叹号智能标记，选择缩短工期或缩短每天工作小时数，以调整总成本。

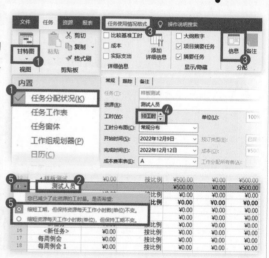

调整材料资源成本，在甘特图视图选中要调整材料成本的任务：

❶ 单击"资源"选项卡；

❷ 单击"分配资源"；

❸ 在弹出的"分配资源"对话框中，修改材料资源的份数。

材料成本由价格和用量决定，而材料的价格一般在项目实施前就已经确定。因此不修改价格，而是修改份数（单位）来调整材料资源的成本。

No.348
设置项目跟踪方式

项目管理，需要保证按时完成、有效合理安排资源，从而节约成本。在项目执行过程中，如何跟踪进度并及时调度资源，确保项目能够有效推进？

扫码看视频

设置项目基线：

❶ 单击"项目"选项卡；

❷ 单击"设置基线"下拉按钮；

❸ 单击"设置基线"，打开"设置基线"对话框；

❹ 单击"设置基线"单选按钮，"范围"选择"完整项目"；

❺ 单击"确定"按钮。

如果需要更新或者设置更多基线，可以重新打开"设置基线"对话框，更新覆盖已保存基线或者选择新的基线选项，单击"确定"后即可。

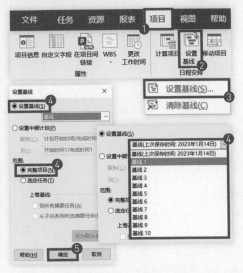

设置中期计划（在项目进展过程中，需要跟踪当前进度和计划进度差异时打开"设置基线"对话框）：

❶ 单击"设置中期计划"单选按钮；

❷ 选择需要的基线（复制）和当前进度（到）；

❸ 根据需要切换设置范围为"完整项目"或"选定任务"，单击"确定"按钮。

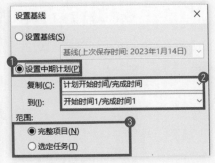

当基线或中期计划设置过多时，可以单击"清除基线"，在弹出的对话框中选择已过时或冗余的基线计划、中期计划删除。

No.349

更新项目任务状态和资源

在项目管理过程中，项目日程、任务、资源等信息经常发生变化。为了掌握项目整体进展情况，更好地管控项目，需要及时更新相关信息。

扫码看视频

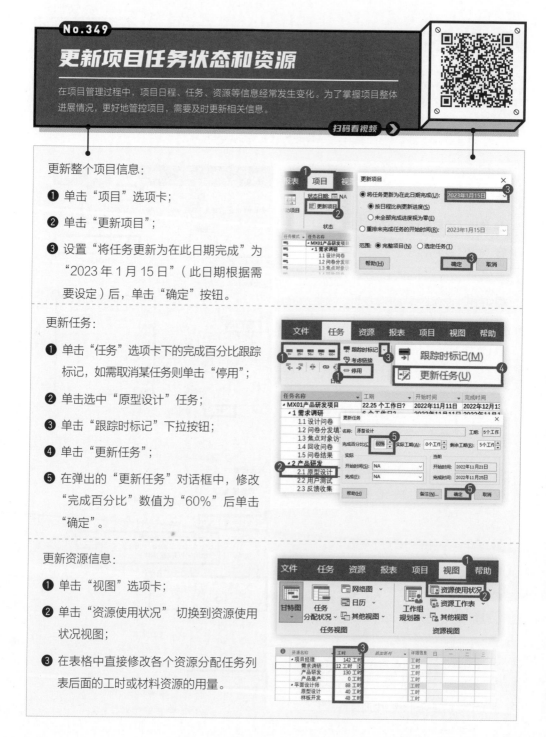

更新整个项目信息：

❶ 单击"项目"选项卡；

❷ 单击"更新项目"；

❸ 设置"将任务更新为在此日期完成"为"2023 年 1 月 15 日"（此日期根据需要设定）后，单击"确定"按钮。

更新任务：

❶ 单击"任务"选项卡下的完成百分比跟踪标记，如需取消某任务则单击"停用"；

❷ 单击选中"原型设计"任务；

❸ 单击"跟踪时标记"下拉按钮；

❹ 单击"更新任务"；

❺ 在弹出的"更新任务"对话框中，修改"完成百分比"数值为"60%"后单击"确定"。

更新资源信息：

❶ 单击"视图"选项卡；

❷ 单击"资源使用状况"切换到资源使用状况视图；

❸ 在表格中直接修改各个资源分配任务列表后面的工时或材料资源的用量。

No.350

跟踪项目实施情况

跟踪项目可以及时发现在实施过程中遇到的各种问题，帮助我们根据实际情况调整未完成的任务计划。如何跟踪项目的日程、成本和工时？

扫码看视频

跟踪项目日程：

❶ 单击"视图"选项卡；

❷ 单击"其他视图"下拉按钮；

❸ 单击"其他视图"；

❹ 在弹出的"其他视图"对话框中，单击"跟踪甘特图"选项；

❺ 单击"应用"按钮；

❻ 在甘特图中就可以看到基线进度（灰色）和实际进度（彩色）的差异。

跟踪项目成本：

❶ 单击"视图"-"表格"-"成本"，可查看整个项目成本；

❷ 双击任务名称查看任务信息，切换至"资源"选项卡，可查看单个任务成本。

跟踪项目工时：

❶ 单击"视图"-"任务分配状况"；

❷ 单击"任务使用情况格式"选项卡，勾选要查看的工时情况类型；

❸ 在右侧的工时分配表中，可查看具体分配情况。

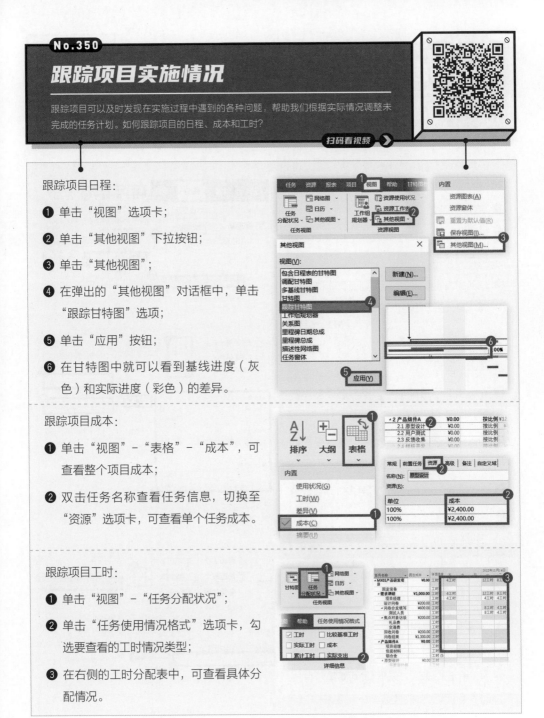

No.351
监视项目进度

项目管理过程中，需要对进度情况进行监视，确保项目能在预计的范围、时间和成本目标下顺利推进，在发现问题时及时调整。

扫码看视频

分组监视：

❶ 单击"视图"选项卡；

❷ 单击"分组依据"列表框下拉按钮，选择按"状态"分组；

❸ 任务列表会按照"完成""延迟""未完成"将所有任务分组并用黄色底色标记。

任务排序：

❶ 单击"视图"–"排序"下拉按钮；

❷ 在弹出的下拉菜单中，单击选择排序依据，例如"按成本"；

❸ 如需按多个条件先后排序，或者设置升序、降序等，单击"排序依据"；

❹ 在"排序"对话框中设置更多排序参数；

❺ 单击"排序"按钮。

筛选任务：

❶ 单击"视图"–"筛选器"列表框下拉按钮；

❷ 单击"使用资源"；

❸ 在弹出的对话框中选择"平面设计师"选项，单击"确定"按钮，即可查看所有分配了平面设计师的任务。

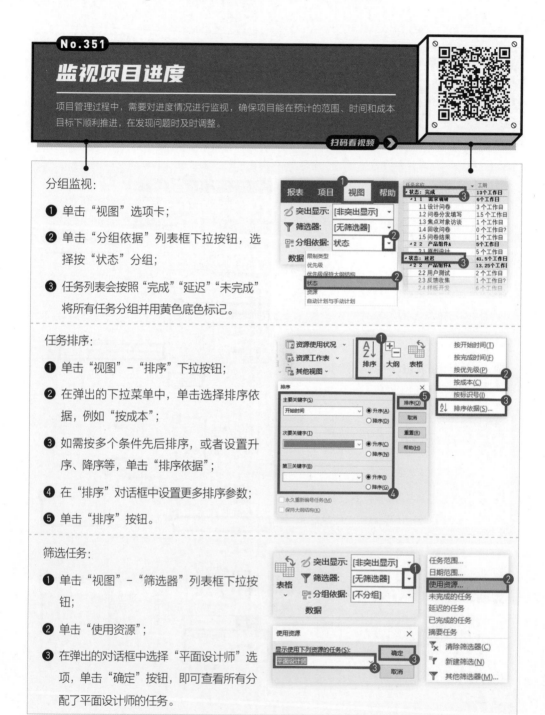

No.352

改善日程安排冲突

当日程安排不合理时，将会出现资源过度分配或项目延迟完成的情况。通过增加时间、增加资源或者调整可宽延的时间，能够改善冲突，让项目得以顺利进行。

扫码看视频 ❯

更改任务限制：

❶ 双击任务"产品组件 A"查看任务信息；

❷ 单击"高级"选项卡；

❸ 根据实际需要，更改"限制类型"及相应的"限制日期"。

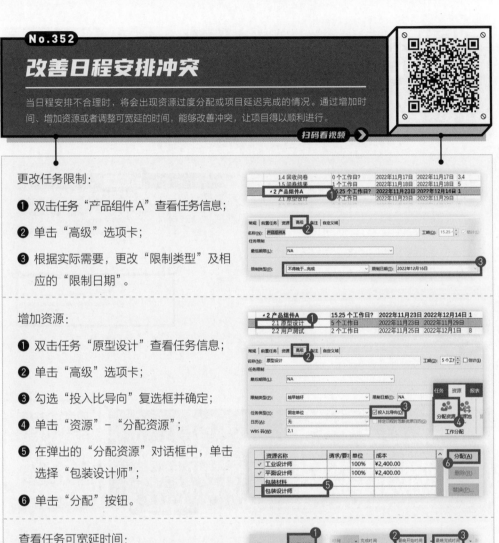

增加资源：

❶ 双击任务"原型设计"查看任务信息；

❷ 单击"高级"选项卡；

❸ 勾选"投入比导向"复选框并确定；

❹ 单击"资源"–"分配资源"；

❺ 在弹出的"分配资源"对话框中，单击选择"包装设计师"；

❻ 单击"分配"按钮。

查看任务可宽延时间：

❶ 右击"前置任务"的列标题；

❷ 单击"插入列"命令，插入 1 个新列，并输入字段名称"最晚开始时间"；

❸ 重复❶❷步插入"最晚完成时间"列。

可参照这两个新列中的日期调整任务开始时间及完成时间。

No.353

加速项目日程

有部分任务必须按时完成，此类任务叫作关键任务。从项目开始到项目结束，总工期最长的任务路径叫作关键路径。如何查看关键任务路径，及缩短工期？

扫码看视频

❶ 单击"甘特图格式"选项卡；

❷ 勾选"关键任务"复选框；

❸ 在甘特图中用红色标记的进度条，就是关键任务路径。使用"条形图样式"功能组中的其他选项，可在进度条上突出显示更多细节信息。

在微信公众号【老秦】回复关键词"Project"，延伸阅读缩短关键任务时间的 4 种方法。

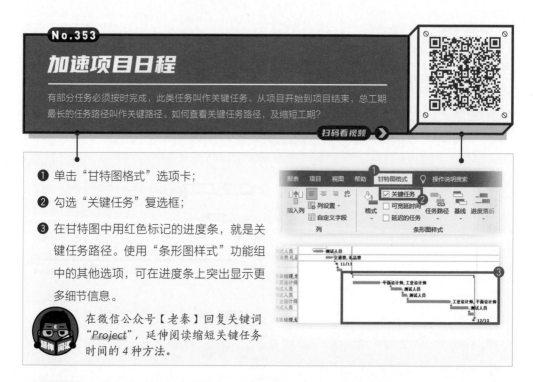

No.354

添加日程表

日程表是整个项目进度的简化版时间轴，可以清晰地显示项目的开始、完成时间及项目执行阶段等信息。如何添加和设置日程表？

扫码看视频

❶ 单击"视图"选项卡，勾选"日程表"复选框；

❷ 切换至"时间线格式"选项卡；

❸ 双击日程表中空白位置，在弹出的"将任务添加到日程表"对话框中，勾选需要显示在日程表中的任务；

❹ 也可以右击任务列表中的任务行后，单击"添加到日程表"命令。

No.355

创建项目报表

项目资源分配、成本、工时进度等信息，可以使用图表、数据透视表等形式更加直观地汇总呈现，让项目跟踪、管理更方便。

扫码看视频

创建预制报表：

❶ 单击"报表"选项卡；

❷ 单击"成本"-"任务成本概述"；

❸ 切换至"报表设计"选项卡；

❹ 单击"主题"下拉按钮，在下拉面板中选择一种设计方案，例如"回顾"；

❺ 在报表中选择图表或表格；

❻ 在右侧"字段列表"窗格中可以快速配置数据统计维度和更多参数。

创建自定义报表：

❶ 单击"报表"选项卡下的"新建报表"下拉按钮，选择"空白"报表；

❷ 在弹出的"报表名称"对话框中，输入名称"项目成本汇总报表"后确定；

❸ 在"报表设计"选项卡下分别单击"图表"与"表格"插入对象；

❹ 单击报表中新创建的图表；

❺ 取消勾选"工时"复选框，将工时从图表隐藏；

❻ 单击报表中新创建的表格；

❼ 将"名称"字段拖曳到第3个调整顺序；

❽ 将"大纲级别"更改为"级别1"。

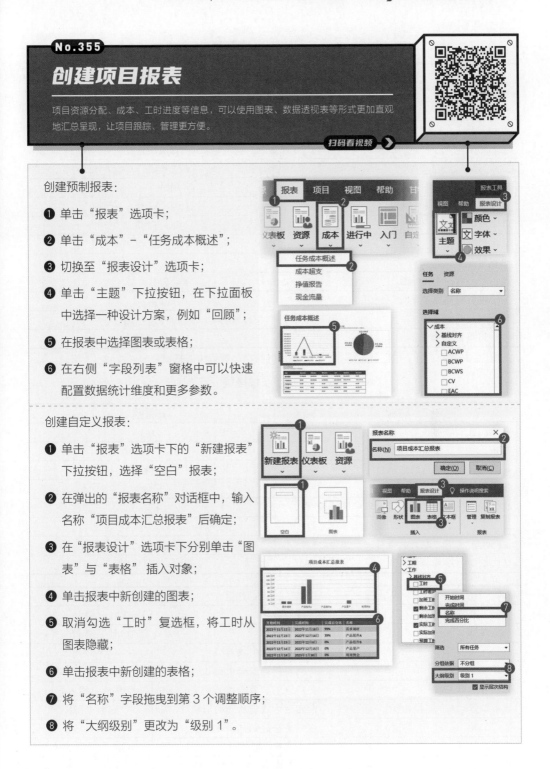

Project 快捷键

功能	快捷键
任务升级	Alt + Shift + ←
任务降级	Alt + Shift + →
滚动到表头（第一个任务）	Ctrl + Home
滚动到表尾（最后一个任务）	Ctrl + End
清除筛选	F3
时间刻度左 / 右移	Alt + ← / →
滚动到任务栏的甘特图	Ctrl + Shift + F5
显示所有任务	Alt + Shift + *
显示所有子任务	Alt + Shift + +
隐藏所有子任务	Alt + Shift + −
显示较小时间刻度单位	Ctrl + /
显示较大时间刻度单位	Ctrl + *
移动到项目的开始	Alt + Home
移动到项目的结束	Alt + End

注：以上快捷键中的 "+" "−" "*" "/" 键均为数字小键盘中的按键。

 Visio 快捷键

功能	快捷键
在绘图页上的形状之间移动选择	Tab
按相反顺序在绘图页上的形状之间移动选择	Shift + Tab
确认选择备选状态的形状	Enter
将形状恢复至备选状态	Esc
切换所选形状的文本编辑和形状选择模式	F2
上 / 下 / 左 / 右移动所选形状	↑ / ↓ / ← / →
按一次上 / 下 / 左 / 右微移一个像素	Shift + ↑ / ↓ / ← / →
格式刷	Ctrl + Shift + P

功能	快捷键	功能	快捷键
指针工具按钮	Ctrl + 1	连接点按钮	Ctrl + Shift + 1
文本按钮	Ctrl + 2	文本块按钮	Ctrl + Shift + 4
连接线按钮	Ctrl + 3	组合所选的形状	Ctrl + G
铅笔工具	Ctrl + 4	取消对所选组合中形状的组合	Ctrl + Shift + U
任意多边形工具	Ctrl + 5	将所选形状置于顶 / 底层	Ctrl + Shift + F/B
线条工具	Ctrl + 6	向左 / 右旋转所选的形状	Ctrl + L/R
弧形工具	Ctrl + 7	水平 / 垂直翻转所选形状	Ctrl + H/J
矩形工具	Ctrl + 8	放大 / 缩小视图	Ctrl + 鼠标滚轮
椭圆工具	Ctrl + 9	上下 / 左右滚动视图	Alt/Shift + 鼠标滚轮

第 **6** 篇

Office
通用协作应用

No.356

将主题方案应用于所有Office套件

所有的文档、表格、演示文稿通常都需要应用公司VI标准配色，如果每一个形状、每个标题都需要在上色时手动设置，则太麻烦。怎么一次配置，所有Office文件通用？

扫码看视频

一个主题方案就是一套格式模板，包括颜色、字体搭配、样式效果等，以 Word 文档为例。

选择已有的主题方案

❶ 切换至"设计"选项卡；

❷ 单击"主题"下拉按钮；

❸ 选择一个主题模板；

❹ 选择一种样式集，设置整个文档标题和正文的搭配方案；

❺ 也可以单独设置"颜色""字体""段落间距""效果"（文字和形状样式效果）。

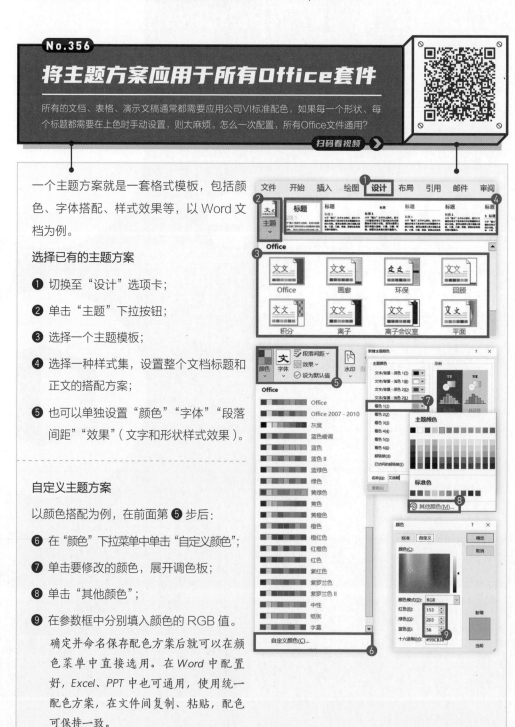

自定义主题方案

以颜色搭配为例，在前面第❺ 步后：

❻ 在"颜色"下拉菜单中单击"自定义颜色"；

❼ 单击要修改的颜色，展开调色板；

❽ 单击"其他颜色"；

❾ 在参数框中分别填入颜色的 RGB 值。

确定并命名保存配色方案后就可以在颜色菜单中直接选用。在 Word 中配置好，Excel、PPT 中也可通用，使用统一配色方案，在文件间复制、粘贴，配色可保持一致。

No.357

修改Office套件的自动保存时间

Office文件默认隔10分钟自动保存一次。为了防止停电等意外导致文件丢失，可以缩短间隔时间；为了防止保存过于频繁影响编辑效率，也可以延长间隔时间。

扫码看视频 ➤

以 Word 为例：

❶ 单击"文件"–"选项"；

❷ 在弹出的"Word 选项"对话框中切换至"保存"选项卡；

❸ 修改"保存自动恢复信息时间间隔"后的数字参数。

其他套件的自动保存操作与此类似。

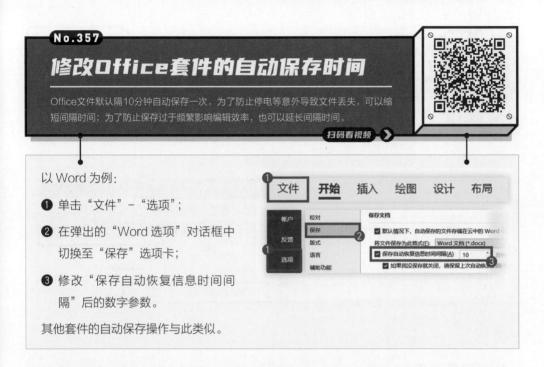

No.358

为Office文件加密

有些商务往来的文档，只能让一部分人查看和编辑。怎么给文件"加一把锁"，让知道密码的人才能打开呢？

扫码看视频 ➤

以 Word 为例：

❶ 单击"文件"选项卡；

❷ 单击"信息"；

❸ 单击"保护文档"下拉按钮；

❹ 单击"用密码进行加密"。

然后跟随提示输入并确认密码。关闭文件后再次打开时，必须输入密码才能打开。

263

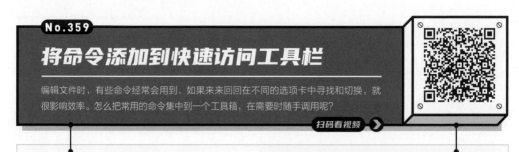

No.359
将命令添加到快速访问工具栏

编辑文件时，有些命令经常会用到，如果来来回回在不同的选项卡中寻找和切换，就很影响效率。怎么把常用的命令集中到一个工具箱，在需要时随手调用呢？

扫码看视频

切换快速访问工具栏位置

❶ 右击快速访问工具栏任意位置；

❷ 在快捷菜单中单击"在功能区下方显示快速访问工具栏"命令；

❸ 快速访问工具栏会出现在功能区下方，更靠近文件编辑区域，使用其中的命令会更加方便。

添加在功能区的命令

以添加"布局"选项卡的分栏命令为例：

❶ 右击"栏"；

❷ 单击"添加到快速访问工具栏"命令。

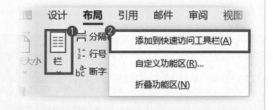

添加不在功能区的命令

以"发送到 Microsoft PowerPoint"为例，右击快速访问工具栏后：

❶ 单击"自定义快速访问工具栏"命令；

❷ 切换至"不在功能区中的命令"选项；

❸ 找到并单击"发送到 Microsoft Power-Point"；

❹ 单击"添加"按钮。

最后单击"确定"，在快速访问工具栏中就可以看到相应按钮了。

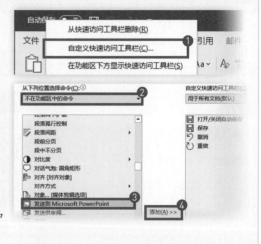

No.360

将Word文稿转换为PPT文稿

在Word中编写文字材料完成后，要将之制作成PPT，如果还要一段一段将文字复制、粘贴到PPT中，很耗时间。怎么让文字自动搬到PPT中并自行分页呢？

扫码看视频

❶ 单击文档中的段落；

❷ 单击对应级别的标题样式；

将要搬到 PPT 的每一页页标题中的文字段落设为"标题 1"样式，要放在每一页内容框中的段落设为"标题 2""标题 3"等标题样式，不搬到 PPT 中的文字段落保留"正文"样式。

❸ 单击"发送到 Microsoft PowerPoint"按钮（命令添加方法详见技巧 No.359）。

No.361

将Word表格复制到Excel

Word中制作的表格，复制、粘贴到Excel后，行高、列宽等格式会错乱，如何快速调整表格格式？

扫码看视频

❶ 在 Word 中单击表格左上角的四向箭头符号选中整张表格，按快捷键【Ctrl+C】复制；

❷ 打开 Excel 表格，选择一个目标单元格；

❸ 单击鼠标右键，单击"粘贴"下拉按钮，展开菜单。

有3种粘贴模式："保留源格式粘贴""匹配目标格式粘贴""选择性粘贴"。

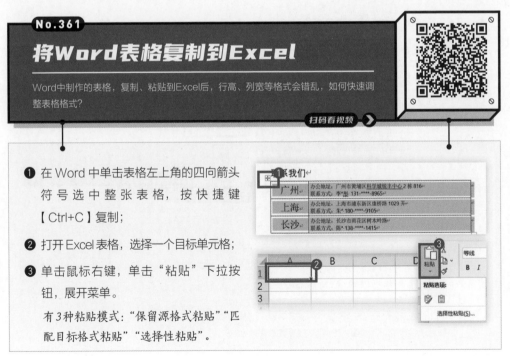

保留源格式粘贴

在此粘贴模式下，内容在单元格中会自动换行，通常需要重新调整列宽和行高。

❶ 用鼠标拖曳 B、C 列分界线，拉宽 B 列；

❷ 单击左上角行号和列标交叉处选择整个工作表；

❸ 双击行号分界线，让行高自动适应内容高度，或者直接拖曳分界线缩小行高。

根据实际需要修改表格边框等其他格式。

匹配目标格式粘贴

匹配目标格式粘贴会清除 Word 中原有格式，内容超出单元格范围也不会自动换行。通常需要调整列宽。

❶ 用鼠标拖曳选中 A、B 两列；

❷ 双击 A、B 列分界线让列宽自动适应内容。

选择性粘贴

❶ 单击"粘贴"下拉按钮，在下拉菜单中单击"选择性粘贴"；

❷ 如直接将 Word 内容粘贴到 Excel 表格，保持默认"粘贴"选项；如要粘贴为链接对象，使之和源文档保持同步、联动更新，则切换至"粘贴链接"选项；

❸ 选择"Microsoft Word文档对象"选项。

确定后，完成粘贴。粘贴成 Word 对象后，要编辑里边的内容，需要双击对象进入编辑模式。若编辑链接对象，则会返回源文档编辑。

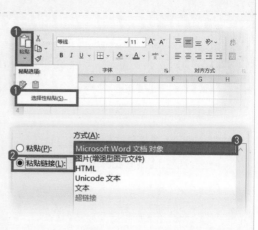

No.362

Excel表格复制到Word/PPT

Excel表格复制、粘贴到Word中后，列宽要么过窄要么过宽，怎么快速调整？粘贴表格数据，如何将之与源表格保持链接、同步更新？

扫码看视频

复制到 Word 后自动调整列宽

❶ 框选需要复制、粘贴的区域后，按快捷键【Ctrl+C】复制表格；

❷ 打开 Word，单击目标位置后按快捷键【Ctrl+V】粘贴表格，随后切换至表格"布局"选项卡；

❸ 单击"自动调整"下拉按钮；

❹ 单击"根据窗口自动调整表格"。

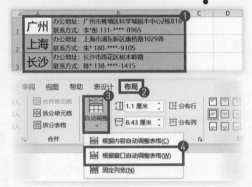

复制到 Word/PPT 后同步更新

粘贴后数据如果需要和源表格同步更新：

❶ 按快捷键【Ctrl+V】粘贴后，单击右下角"粘贴选项"智能标记；

❷ 选择带锁链的小图标，将数据链接至源表；

这样可在 Word/PPT 中修改格式，而其中的内容则和源表格同步更新。如果发现在 Word 中无法自动更新，则进行接下来的操作。

❸ 右击表格，单击"更新链接"。

作为完整对象复制到 Word/PPT

❶ 复制 Excel 表格后，单击"粘贴"；

❷ 单击"选择性粘贴"，后面的操作和技巧 No.361 中的一致。

No.363

Office文件互相嵌入文件对象

制作Excel表格时，需要用到大段文字，Excel段落排版不方便，能否直接将Word对象嵌入Excel中？商务资料需要用到其他文件作为附件，如何嵌入其他文件？

扫码看视频

Excel 中嵌入 Word 对象

❶ 单击"插入"选项卡；

❷ 单击"对象"；

❸ 在弹出的对话框中选择"对象类型"为"Microsoft Word Document"并单击"确定"；

❹ 拖曳边角的小黑块，调节尺寸和位置；

❺ 在 Word 对象中输入内容、设置格式；

❻ 单击对象外的任意位置完成编辑。
  双击对象即可重新进入编辑模式进行修改。

Word/PPT 中嵌入其他文件附件

❶ 单击"插入"选项卡；

❷ 单击"对象"；

❸ 在弹出的"对象"对话框中切换至"由文件创建"选项卡；

❹ 单击"浏览"按钮，找到并打开需要添加为附件的文件；

❺ 如需链接至源文件同步更新则勾选"链接到文件"复选框；

❻ 如果插入后只显示为文件图标而不显示内容，则勾选"显示为图标"复选框。

单击"确定"后完成嵌入。

No.364

将Visio绘图对象导入PPT

Visio中的流程、布局图等元素被复制、粘贴到PPT后，会变成图片，无法直接修改，来回切换软件又比较麻烦。怎么才能在PPT中直接修改？

扫码看视频 ▶

❶ 右击从 Visio 粘贴过来的图片；

❷ 在快捷菜单中单击"组合"命令；

❸ 在子菜单中单击"取消组合"命令；

❹ 在弹窗警告中单击"是"，强行打散。

再做一次 ❶ ~ ❸ 的步骤后，即可编辑每个元素。

其他 *Office* 套件元素复制、粘贴后形成的图元文件型图片均可用此法打散后二次编辑。

No.365

从Excel导入数据生成架构图

用Visio绘制组织架构图时，职务级别、姓名、照片等信息都要手动输入和配置，还是比较麻烦。在已有Excel名单的情况下，怎么一键导入生成组织架构图？

扫码看视频 ▶

先在 Excel 名单中设置好每一个人的直属上级对应的序号。

如果有照片，将之按照姓名命名放在同一个文件夹中准备好。

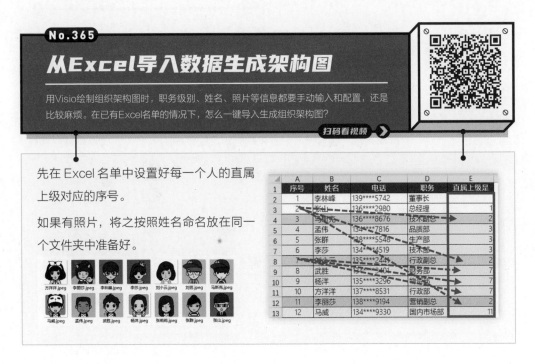

❶ 创建组织结构图绘图文件后，切换至"组织结构图"选项卡；

❷ 单击"导入"，打开"组织结构图向导"对话框；

❸ 确认选择的是"已存储在文件或数据库中的信息"后，单击"下一页"跳转至下一个步骤；

❹ 在"我的组织信息存储在"选项中单击选择"文本、Org Plus(*.txt)或 Excel 文件"后，继续单击"下一页"；

❺ 单击"浏览"按钮后，找到准备好的名单 Excel 表格并打开，继续单击"下一页"；

❻ 从数据文件中选择"姓名"填入"姓名"框；选择"直属上级是"填入"直属领导"框，以生成对应级别的形状；"名字"不选，继续单击"下一页"；

❼ 看到图片导入步骤时，单击"浏览"按钮找到练习文件夹中的"人物头像"文件夹并打开；

❽ 设置基于"姓名"列匹配图片后，继续单击"下一页"，直到最后单击"完成"按钮；

❾ 导入后按照在 Visio 中绘图的技巧，调整组织架构图整体布局，快速完成制作。

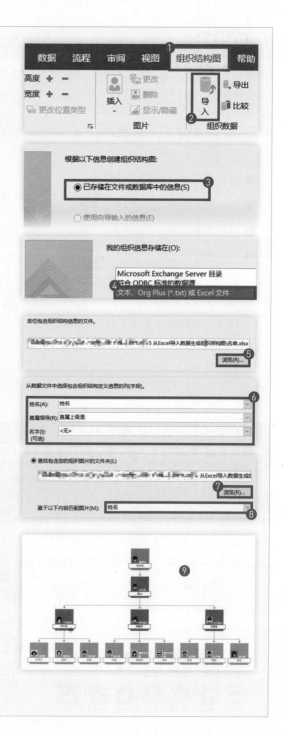